高 等 职 业 教 育 教 材

三维数字建模技术

应凯业　孟祥琳　周子璇　编

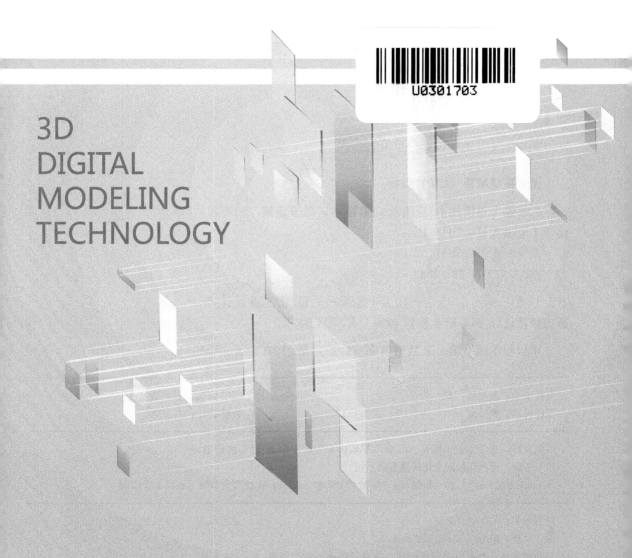

3D
DIGITAL
MODELING
TECHNOLOGY

化学工业出版社

·北京·

内 容 简 介

《三维数字建模技术》主要包含三个模块：三维数字建模概述、Geomagic Wrap 软件和 Geomagic Design X 软件。全书简要介绍了 3D 建模与逆向工程、3D 打印等的关系，并展示 3D 建模技术的重要性，然后分别重点介绍了常用的两款 3D 建模软件 Geomagic Wrap 和 Geomagic Design X 的操作，并设有针对性的操作练习题，具有较强的实操性。

本书可作为高等职业院校机械设计制造及其自动化、机械电子工程、材料科学与工程、机电产品逆向设计等专业的师生教材。

图书在版编目（CIP）数据

三维数字建模技术/应凯业，孟祥琳，周子璇编. —北京：
化学工业出版社，2022.10
高等职业教育教材
ISBN 978-7-122-42563-8

Ⅰ.①三… Ⅱ.①应…②孟…③周… Ⅲ.①工业设计-计算机辅助设计-高等职业教育-教材 Ⅳ.①TB47-39

中国版本图书馆 CIP 数据核字（2022）第 212779 号

责任编辑：王海燕 提 岩　　　　　　　　　文字编辑：曹 敏
责任校对：宋 夏　　　　　　　　　　　　装帧设计：张 辉

出版发行：化学工业出版社（北京市东城区青年湖南街 13 号　邮政编码 100011）
印　　装：涿州市般润文化传播有限公司
787mm×1092mm　1/16　印张 9½　字数 234 千字　2024 年 12 月北京第 1 版第 1 次印刷

购书咨询：010-64518888　　　　　　　　　　售后服务：010-64518899
网　　址：http://www.cip.com.cn

定　　价：45.00 元

现代工业的蓬勃发展，其背后离不开工业设计手段的持续革新与飞跃。工业设计在产品研发的全周期中扮演着引领与整合的重要角色。在工业设计流程的演进中，模型制作技术的革新尤为显著。从最初的手工雕琢，到半机械化辅助，直至现今高度精准的 3D 打印模型制作，这一过程不仅见证了制造技术的飞跃，也深刻反映了现代工业设计的精细化与高效化趋势。

3D 打印技术，作为一项基于数字模型文件的革命性制造技术，通过层层堆叠粉末状金属、塑料等可黏合材料，实现了从虚拟到实体的精准构建。它不仅融合了材料科学、制造工艺与信息技术的最新成果，更以其独特的灵活性与创新性，在产品研发、设计、生产等多个环节展现出巨大潜力，正逐步成为工业设计领域不可或缺的一部分。

3D 打印步骤包括三维数字建模、切片处理、打印及后处理等。其中，三维数字建模（3D建模）作为 3D 打印的第一步，在工业设计中至关重要，它能精准呈现设计理念，提前检验产品结构的合理性，减少开发成本和时间，为工业设计提供高效、直观的解决方案。 3D 建模与 3D扫描联系紧密。 3D 扫描可快速获取物体实际形状数据，为 3D 建模提供参考；而 3D 建模能对扫描数据进行修复和优化。两者的有机结合在工业设计、文化遗产保护、医疗等领域发挥重要作用，共同推动各行业发展。

为满足青海柴达木职业技术学院的教学需求，编写了本教材。本教材共分 3 个模块：三维数字建模概述、 Geomagic Wrap 软件、 Geomagic Design X 软件。本书重点介绍了 GeomagicWrap 与 Geomagic Design X 两款领先的逆向 3D 扫描建模设计软件，深入剖析了它们的功能特色、操作流程，并通过具体设计案例进行实战演练，旨在为学习者提供一套实用的参考资料。

全书由应凯业、孟祥琳、周子璇编写。模块一由应凯业、周子璇编写，模块二由应凯业编写，模块三由孟祥琳编写。全书由应凯业、孟祥琳统稿。

由于现代工业设计及制造水平发展迅速，加之编者水平和时间有限，疏漏之处在所难免，敬请各位读者批评指正。

编者

2024 年 6 月

目录

模块一　三维数字建模概述

模块二　Geomagic Wrap 软件

模块三　Geomagic Design X 软件

参考文献

模块一 三维数字建模概述

 单元 1　认识逆向工程技术

一、逆向工程技术简介

逆向工程（Reverse Engineering）：是根据已有的产品，通过分析来推导出具体的实现方法。对现有的模型或样品，利用 3D 数字化测量仪器，准确、快速地测得其轮廓坐标，并进行三维 CAD 曲面重构，在此基础上进行再设计，实现产品"创新"。通过传统加工或者快速成型制作样品。

传统的产品设计（正向设计）通常是从概念设计到创建三维数字模型、再到产品的制造生产。而产品的逆向设计与此相反，它是根据零件（或者原型）生成三维数字模型，经过创新，再制造出产品。它是一种以实物、样件、软件或者影像作为研究对象，应用现代设计方法学、生产工程学、材料学和有关专业知识进行系统的分析和研究，探索并掌握其关键技术，进而开发出同类的更为先进的产品的技术，是为消化、吸收先进技术而采取的系列分析方法和应用技术的结合。广义的逆向工程技术包括影像逆向、软件逆向和实物逆向等。

目前，大多数有关逆向工程技术的研究和应用都集中在几何形状，即重构产品实物的三维数字模型和最终产品的制造方面，称为实物逆向工程。正向设计与逆向设计的工作流程对比如图 1-1。

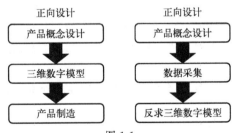

图 1-1

在工程技术人员的一般概念中，产品设计过程是一个从无到有的过程。设计人员首先构思产品的外形、性能和大致的技术参数等，然后利用 CAD 技术建立产品的三维数字化模型，最终将这个模型转入制造流程，完成产品的整个设计制造周期，这样的产品设计过程我们可以称之为"正向设计"。逆向工程则是一个"从有到无"的过程，简单地说，逆向工程就是根据已经存在的产品模型，反向推出产品的设计数据的过程。

随着计算机技术在制造领域的广泛应用，特别是数字化测量技术的迅猛发展，基于测量数据的产品造型技术成为逆向工程技术关注的主要对象。通过数字化测量设备获取的物体表面的空间数据，需要经过逆向工程技术的处理才能获得产品的数字模型，进而输送到 CAM 系统完成产品的制造。因此，逆向工程技术可以认为是"将产品样件转化为 CAD 模型的相关数字化技术"和"几何模型重建技术"的总称。逆向工程的实施过程是多领域、多学科的协同过程。

二、逆向工程技术的应用

逆向工程已成为联系新产品开发过程中各种先进技术的纽带，并成为消化、吸收先进技术，实现新产品快速开发的重要技术手段，其主要应用领域如下。

1. 对产品外形美学有特别要求的领域

由于设计师习惯于依赖三维实物模型对产品设计进行评估，因此产品几何外形通常不是应用 CAD 软件直接设计的，而是首先制作木质或黏土的全尺寸模型或比例模型，然后利用逆向工程技术重建产品数字化模型。

2. 需试验的工件模型

当设计需经试验才能定型的工件模型时，通常采用逆向工程的方法。例如航空航天、汽车等领域，为了满足产品对空气动力学的要求，需进行风洞等试验建立符合要求的产品模型。此类产品通常是由复杂的自由曲面拼接而成的，最终借助逆向工程，转换为产品的三维 CAD 模型并最终制成模具。

3. 模具行业

模具行业常常需要反复修改原始设计的模具型面。先对实物通过数据测量与处理产生与实际相符的产品数字化模型，后对模型进行修改再加工，将显著提高生产效率。因此，逆向工程在改型设计方面可发挥正向设计不可替代的作用。

4. 损坏或磨损零件的还原

当零件损坏或磨损时，可以直接采用逆向工程的方法重构出 CAD 模型，对损坏的零件表面进行还原和修补。由于被测零件表面的磨损、破坏等因素，会造成测量误差，这就要求逆向工程系统具有推理和判断能力，例如，对称性、标准尺寸、平面间的平行和垂直等特性。最后，加工出零件。

5. 数字化模型检测

对加工后的零件，进行扫描测量，再利用逆向工程法构造出 CAD 模型，通过将该模型与原始设计的 CAD 模型在计算机上进行数据比较，可以检测制造误差，提高检测精度。

6. 生物应用

借助于工业 CT 技术，逆向工程不仅可以产生物体的外部形状，而且可以快速发现、定位物体的内部缺陷。

7. 其他应用

在文物及艺术品修复、消费性电子产品等制造行业，甚至在休闲娱乐行业也可发现逆向工程的痕迹。另外，在医学领域逆向工程也有其应用价值，如人工关节模型的建立等。

[案例 1-1] 逆向工程技术在飞机教学中的应用

某公司是做飞机仿真设备的，应用在各大航空公司内部飞机教学上，需要获取某系列飞机机头的高精度三维模型，工程师使用三维扫描仪，快速、精准地获取了该系列飞机机头的三维数据，满足航空公司对自身新学员培训及老员工再培训的需求。

为了缩短建模周期，降低飞机机头研发成本，某公司根据客户所面临的难题，提出解决方案：使用工业级三维扫描仪来获取该系列飞机机头的三维数据（图1-2）。

图 1-2

该三维扫描仪具有扫描速度极快、精度高、操作简单、稳定性强等特点。在扫描过程中，软件通过标志点将三维数据自动拼接，很快便将该系列飞机机头的三维数据完整获取下来（图1-3）。工程师可以将扫描出的3D数据导入软件拟合SLT三角网格面，导入三维设计软件进行逆向设计。提高了产品结构设计与改良的效率，节约了成本。

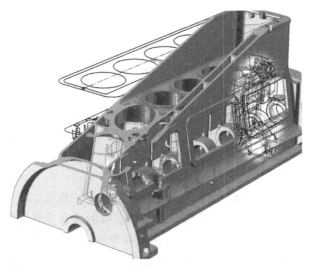

图 1-3

［案例1-2］ 发动机逆向工程案例

汽车修复领域的专家要求在短短几个月内重建一个1933年的 Hispano Suiza K6 铝合金发动机缸体。经过多年的磨损和在修复过程中引起的损坏，六缸铝合金发动机缸体已无法再被修复。尤其是最后一次将磨损的发动机通过焊接重新恢复功能的尝试使此发动机更受损。

唯一的解决方案是使用熔蜡工艺重新构造此发动机。

利用逆向工程，可以得到零件的三维模型和设计图纸，这大大缩短了发动机的设计开发周期，提高了设计效率，为后续的数控加工提供了很大便利，可以更加有效地提高产品的市场竞争力。逆向工程已成为联系产品开发过程中各种先进技术的纽带，并成为消化、吸收先进技术，实现产品快速开发的重要技术手段。

 ## 单元 2　认识三维扫描

一、三维扫描的数字化检测

三维扫描数字化检测是集光、机、电和计算机技术于一体的高新技术，主要用于对物体空间外形和结构进行扫描，以获得物体表面的空间坐标，将实物的立体信息转换为计算机能直接处理的数字信号，为三维数字模型与实物的对比提供了方便、快捷的手段。虽然三维扫描数字化检测技术一时还不能完全取代传统的检测方法，但检测工作的数字化、灵活化和智能化是未来发展的趋势。

三维扫描数字化检测技术近年来蓬勃发展，常见的三维物体形状检测方法可以分为接触式和非接触式两大类。

1. 接触式

接触式三维数字化检测技术是指在测量过程中，测量工具与被测工件表面直接接触而获得测点位置信息的测量方法。传统的测量机多采用触发式接触测头，每一次获取自由曲面上一点的 X、Y、Z 轴坐标值。这种测量方法的测量速度慢，而且很难测得较全面的曲面信息。

20 世纪 90 年代初，国外一些著名的坐标测量机生产厂先后研制出了三维力-位移传感的扫描测头，这些测头能在曲面上进行滑动测量，可以连续获取工件表面的坐标信息，其扫描速度最高可达 8m/min，数字化速度最高可达 500 点/s，数字化精度可达 $1\mu m$。

接触式测量技术的优点在于技术成熟，有较高的精度和可靠性。其缺点在于需要使用特殊的夹具，致使成本过高，测头易磨损，测量速度慢，有接触变形、测头尺寸限制及补偿误差等。在接触式测量技术中，目前广泛使用的测量设备有三坐标测量机、关节臂式测量机等。

2. 非接触式

非接触式三维扫描数字化检测技术是指在测量过程中，测量工具与被测工件表面不发生直接接触而获得测点位置信息的测量方法。典型的非接触式测量方法又可分为光学法和非光学法。光学法包括结构光法、激光三角法、激光测距法、干涉测量法和图像分析法等。其中，结构光法被认为是目前较成熟的三维形状测量方法。非光学法包括声学测量法、磁学测量法、X 射线扫描法和电涡流测量法等。

二、三维扫描仪的分类

三维扫描仪（3D scanner）是一种科学仪器，用来侦测并分析现实世界中物体或环境的形状（几何构造）与外观数据（如颜色、表面反照率等性质）。搜集到的数据常被用来进行三维重建计算，在虚拟世界中创建实际物体的数字模型。

这些数字模型具有相当广泛的用途，举凡工业设计、瑕疵检测、逆向工程、机器人导引、地貌测量、医学信息、生物信息、刑事鉴定、数字文物典藏、电影制片、游戏创作素材等都可见其应用。三维扫描仪的制作并非仰赖单一技术，各种不同的重建技术都有其优缺点，成本与售价也有高低之分。并无一体通用之重建技术，仪器与方法往往受限于物体的表面特性。例如光学技术不易处理闪亮（高反照率）、镜面或半透明的表面，而激光技术不适用于脆弱或易变质的表面。

三维扫描仪分为接触式三维扫描仪（contact）（图 1-4）与非接触式（non-contact）（图 1-5）两种，后者又可分为主动扫描（active）与被动扫描（passive），这些分类下又细分为众多不同的技术方法。使用可见光视频达成重建的方法，又称作基于机器视觉（vision-based）的方式，是今日机器视觉研究主流之一。

图 1-4

图 1-5

接触式三维扫描仪透过实际触碰物体表面的方式计算深度，如坐标测量机（CMM，Coordinate Measuring Machine）即典型的接触式三维扫描仪。此方法相当精确，常被用于工程制造产业，然而因其在扫描过程中必须接触物体，待测物有遭到探针破坏损毁之可能，因此不适用于高价值对象如古文物、遗迹等的重建作业。此外，相较于其他方法接触式扫描需要较长的时间，现今最快的坐标测量机每秒能完成数百次测量，而光学技术如激光扫描仪运作频率则高达每秒一万至五百万次。

非接触扫描仪分为主动式和被动式。主动式扫描是指将额外的能量投射至物体，借由能量的反射来计算三维空间信息。常见的投射能量有一般的可见光、高能光束、超声波与 X 射线。被动式扫描仪本身并不发射任何辐射线（如激光），而是以测量由待测物表面反射周遭辐射线的方法，达到预期的效果。由于环境中常存在可见光辐射，且容易获取并利用，大部分这类型的扫描仪以侦测环境的可见光为主。但相对于可见光的其他辐射线，如红外线，也能被用于被动式扫描。

非接触式三维扫描仪以激光三维扫描仪、拍照式扫描仪使用最多，均在工业设计行业中有相当广泛的应用，同时也在检测、修复、制造等领域上，对模具产品的生产起着重要的作用。

激光三维扫描仪，其主要利用的是激光测距的原理，即通过对被测物体表面大量点的三维坐标、纹理、反射率等信息的采集，来对其线面体和三维模型等数据进行重建。这种方法精度高、性能好，在交通事故处理、土木工程、室内设计、数字城市、建筑监测、灾害评估、军事分析等诸多方面都有应用，且其突破了传统的单点测量，使得扫描技术向面测量迈进。

激光三维扫描仪的研究自20世纪60年代激光技术出现开始，激光技术以其单一性和高聚集度在20世纪获得巨大发展，实现了从一维到二维直至今天广泛应用的三维测量的发展，实现了无合作目标的快速高精度测量。传统的测绘技术主要是单点精确测量，难以满足建模中所需要的精度、数量以及速度的要求。而三维激光扫描技术采用的是现代高精度传感技术，它可以采用无接触方式，能够深入到复杂的现场环境及空间中进行扫描操作。可以直接获取各种实体或实景的三维数据，得到被测物体表面的采样点集合"点云"，具有快速、简便、准确的特点。基于点云模型的数据和距离影像数据可以快速重构出目标的三维模型，并能获得三维空间的线、面、体等各种实验数据，如测绘、计量、分析、仿真、模拟、展示、监测、虚拟现实等。

拍照式扫描仪采用的是白光光栅扫描技术。由于其扫描原理与照相机拍照原理类似而得名，其主要采用的是结合光技术、相位测量技术和计算机视觉技术，首先将白光投射到被测物体上，其次使用两个有夹角的摄像头对物体进行同步取像，之后对所取图像进行解码、相位操作等计算，最终对物体各像素点的三维坐标进行计算。它集高速扫描与高精度优势于一体，可按需求自由调整测量范围，从小型零件扫描到车身整体测量均能胜任，具备极高的性价比。已广泛应用于工业设计行业中，真正实现"一机在手，设计无忧"。

三、三维扫描仪的应用

三维扫描的扫描结果直接显示为点云（pointcloud意思为无数的点以测量的规则在计算机里呈现物体的结果），利用三维扫描技术获取的空间点云数据，可快速建立结构复杂、不规则场景的三维可视化模型，既省时又省力。与传统技术相比，三维扫描能完成复杂形体的点、形面的三维测量，实现无接触测量，具有速度快、精度高的优点。这些特性决定了它在许多领域可以发挥重要作用，而且其测量结果能与Geomagic、UG、CATIA、Pro/E、Master CAM等多种软件直接进行数据交换，非常便捷。

今天它已广泛应用在各个领域，如模具修复与检测、医学材料、汽车生产、文物保护、城市建筑测量、精密零部件尺寸检测等领域。

1. 模具修复领域

制造商大批量生产会导致模具磨损，进而使产品的误差越来越大，使用三维扫描对模具进行扫描，与模具的CAD图纸进行精度对比，得到偏差和磨损的具体位置。可以减少设计人员额外的模具修复时间，提高模具效益，优化生产效率。

2. 模具检测领域

制造商可以在模具成型阶段利用三维扫描数据进行质量评估。根据检测软件生成误差分析和数据报告，纠正模具或者生产中的缺陷，及时反馈到模具设计和加工中，节约生产成本，提高制造效率。

3. 身体矫正材料定制

定制矫形修复材料的设计要求极高的精确度，以便于能够贴合每位患者的身体构造。而三维扫描仪在这方面就体现出了无可替代的优势。即便扫描时人体略微移动，它们也可以快速准确地完成人体或人体不同部位的扫描（图1-6），无需对人体进行任何标记参照，就可以轻松完成人体的几何扫描。三维扫描仪采用的白光技术，对被扫描的对象不会造成任何安全隐患。

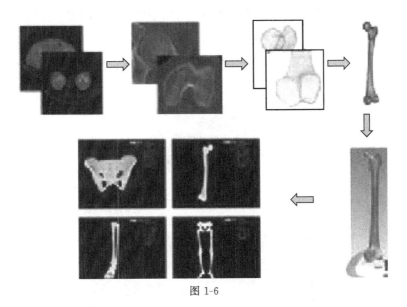

图 1-6

  （1）口腔修复 利用三维扫描技术可以快捷、准确地建立三维几何模型和有限元模型，以满足临床工作的需要。

  （2）器官修复 利用三维扫描技术扫描器官，得到精确的 3D 模型，通过 3D 打印进行逆向制作，从而制造出绝对量身定做的、适合患者的再造器官。

  4. 汽车行业中的应用

  在进行整车型面及零部件逆向设计、整车模具和零部件等数据检测分析时，常常要求用 3D 扫描技术（图 1-7）。有效、真实地测量物体，以便用计算机数字化描绘和再现各种真实的组件或模型。三维扫描技术克服了传统测量技术的局限，采用非接触测量方式直接获取高精度三维点云数据，快速将实物信息转换成可以处理的数据，其输出格式可直接与三维动画等工具软件对接。

图 1-7

5. 古建筑的应用

通过点云数据可以建立三维立体模型，直接应用于古建筑结构的整体变形分析；也可以被进一步制作成常用的二维线条和正射影像图，应用于局部构件的变形分析、尺寸量取以及建筑轮廓线的勾绘等。古建筑结构的扫描见图1-8。

图 1-8

6. 人体解剖教学中的应用

人体解剖学的教和学难度都很大，由于学生无法随时到解剖实验室观察人体标本，在解剖学教学中强调利用教科书及图谱中的插图来帮助学生进行学习，但这些插图都是二维图像，学生需要很好的空间想象力来完成各个结构的记忆。同时教师在教学中也发现二维图像教学（图1-9）往往很难将某些解剖学结构阐述清楚。

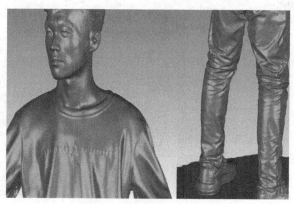

图 1-9

通过三维扫描获取三维数据，从而重建骨骼的三维图像，这样的图像可以使解剖学的教与学更直观，有利于学生对解剖学知识的理解和记忆。同时，此重建的三维模型经过适当的格式转变后可用于科研及教学模具（图1-10）的生产。

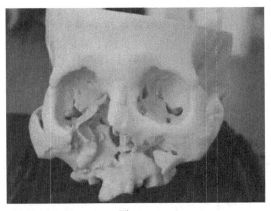

图 1-10

［案例1-3］ 三维扫描在建筑中的应用

上海某高校借助三维扫描研究"普通钢筋在不同酸碱度环境下的受腐蚀情况"（图1-11）。

图 1-11

模块描述：一般环境下，解决钢筋锈蚀问题就是解决了混凝土保护层质量问题，也就解决了钢筋混凝土结构耐久性问题。可以说，解决了此问题，对工程质量的把控将有长足的改进。本次测量的钢筋即用作该模块的原始对比数据。

扫描难点：工件较长，这种有细节要求，又是细长型、容易产生形变的模型非常不好放置与扫描。根据实际情况，选用手持三维扫描仪进行扫描。此设备灵活度高，细节好，数据准确，扫描速度快，能得到微米级的精准数值，为科研的进一步分析做好数据采集工作。

［案例1-4］ 三维扫描在文物保护中的应用

常用的文物复制通常使用石膏翻制模具的方法，而价值高、有独特风格的珍品不宜用石膏直接翻模。采用结构光三维扫描仪进行非接触无损测量，可以精准、快速地进行文物复制。

文物复制痛点：

① 传统翻制方法常表面接触，容易损伤珍贵文物。

② 使用传统的测量方法，只能获取部分数据，对于一些细小的纹理无法测量，导致获取的数据量不完整，无法建立起文物的三维数字模型。

使用结构光三维扫描仪（快速获取文物的三维数据）＋递向设计软件 Geomagic Wrap（将文物数据转换为三角网格面数据）＋Pro/E、UG 等主流设计软件进行后期数据处理，建立文物三维数据档案。

三维扫描仪扫描速度快、精度高、非接触、使用方便，极其适合扫描文物等珍贵物品，扫描文物三维数据只需 2～3min，扫描过程与计算机实时同步，直观明了。技术人员对文物的非接触无损测量见图 1-12。

图 1-12

收集文物三维数据的优点：

① 在不损伤文物的前提下收集三维数据（图 1-13），有效保护珍贵物品。

② 快速获取文物整体三维数据，有效缩短文物扫描、记录周期。

③ 能准确记录数据，为文物建立永久、真实、完整的三维数字档案。

④ 细致的修复，延续文物所代表的灿烂文化。

图 1-13

单元 3 认识 3D 建模

一、3D 建模概述

3D 建模是利用三维生产软件通过虚拟三维空间构建具有三维数据的模型，从简单的几何模型到复杂的角色模型；从静态单个产品显示到动态复杂的场景。

3D 建模是创建数字 3D 图形。通过 3D 建模软件，可进行产品的雕刻、纹理以及设计 3D 模型。3D 建模艺术实际上是基于数学的艺术，并且有多种技术、工作流程和建模软件选项可供选择。因此，3D 模型的创建往往是一个更复杂、更耗时的过程。

3D 建模是计算机图形学中的一种技术，用于生成任何对象或曲面的三维数字表示。这些 3D 对象可以通过变形网格或其他方式自动生成或操纵顶点。

许多行业需要 3D 建模，如影视动画、游戏设计、工业设计、建筑设计、室内设计、产品设计、景观设计等。

3D 建模方式分为原始建模、多边形建模两种。

（1）原始建模 这种类型的 3D 建模主要使用球体、立方体和这两种形状的其他变体来组合所需的形状。之所以称为原始，是因为它是一种非常初级的 3D 建模形式，主要是通过组合不同的预先存在的形状来创建的。

这种建模通常利用基本的布尔处理器来获得正确的形状和轮廓。布尔运算符是生成三维曲面和形状的一种最常见的方法。设计师可以组合两种不同的形状或从另一种形状中减去一种形状以创建新对象。

（2）多边形建模 这种类型的 3D 建模是通过使用 X、Y 和 Z 坐标来定义不同的形状和表面，然后将不同的表面组合成一个巨大的形状或模型来完成的。

当设计师使用多边形建模技术时，他们通常首先创建所需形状的金属丝网——这需要多边形网格理论的良好工作知识，这意味着这种类型的建模对于初学者来说可能过于复杂。

这种类型的 3D 建模最常见的用途是扫描线渲染，它可查看模型的每一行以生成整体形状。

在谈论 3D 建模及其类型时，不能不讨论 CAD 软件（计算机辅助设计）的作用。CAD 软件是 3D 建模方面的一项重要发明。它有助于在虚拟现实中可视化所需的对象、设计和模型。使用 CAD 软件可以完成 3D 打印、3D 雕刻、3D 渲染，当然还有 3D 建模。制作 3D 对象所涉及的计算由 CAD 软件进行。设计师的工作是定义他/她希望创建的 3D 对象的形状和大小。

CAD 软件的 3D 建模主要分为三种类型：实体建模、线框建模和曲面建模。

二、3D 建模的一般流程

工业 3D 建模流程主要包括前期准备、数据采集和数据处理。

（1）前期准备

① 设备选择与校准：选择高精度的三维激光扫描仪，并定期进行校准。

② 技术分析与评估：确定扫描目的、要求、范围等，制定合理的方案和预算。

③ 现场准备：清理工厂内部，设置控制点或标志物。

（2）数据采集

① 扫描参数设置：根据工厂内部物体的特性和需求，设置扫描参数。

② 三维激光扫描：使用三维激光扫描仪对工厂内部进行全方位扫描，获取精确的三维点云数据。

（3）数据处理

① 数据预处理：导入点云数据，进行数据去噪。

② 数据配准与拼接：将不同站点的点云数据对齐和拼接，形成一个完整的点云数据集。

三、3D 建模与 3D 打印的关系

3D 建模与 3D 打印是紧密相关的两个过程，其中 3D 建模是前提，3D 打印是后续的实现手段。

3D 建模：利用三维制作软件，在虚拟三维空间中构建出具有三维数据的模型。这些模型可以代表现实世界中的物体或场景，用于设计、预览和分析。

3D 打印：则是以这些三维数字模型为基础，通过逐层堆积材料的方式，将模型实体化。它允许将虚拟设计直接转化为物理对象，广泛应用于原型制作、个性化定制、教育、医疗等多个领域。

简而言之，3D 建模创造了数字蓝图，而 3D 打印则将这些蓝图变为现实。

 单元 4　认识 3D 打印

一、3D 打印概述

3D 打印也称为增材制造技术。它是一种以数字模型文件为基础，运用粉末状金属或塑料等可黏合材料，通过逐层打印的方式来构造物体的技术。3D 打印通常是采用数字技术材料打印机来实现的。传统打印机的最终产品是图纸，3D 打印机的是实物模型。模具是工业之母，目前超过 90% 的工业品由模具制造而来，但这种趋势正在被 3D 打印所改写。3D 打印技术无需机械加工或任何模具，就能直接从计算机图形数据中生成任何形状的产品，从而极大地缩短产品的研制周期，提高生产率，实现低生产成本。3D 打印的汽车模型如图 1-14 所示。

图 1-14

随着人类社会的发展与进步，材料加工成型技术也发生了翻天覆地的变化。石器时代，人类就可以基于切削等手段用石头制造简单的工具。此后，材料的加工成型方式随着科学技术的发展逐渐趋于精细化与高效化，但是传统的加工成型依然长期依赖于以下两种方法：一是基于材料去除（切、削、钻、磨、锯等）的自上而下的"减材技术"，比如铝合金可以经过车床切削加工成不同形状的部件；二是基于材料颗粒或部件组装的模塑法，比如颗粒状的热塑性高分子材料可以在模具中被热加工成型为不同几何形状的制品。虽然传统的加工成型方法取得了极大的发展，但是受工艺的局限，"减材技术"与模塑法在成型较复杂的几何形状时依然面临着成型困难、周期长、成本高和废弃物多等诸多问题。自 20 世纪末以来，"增材技术"取得了突破性的进展，"增材技术"是基于材料自下而上地逐层堆积从而获得目标制品的一种成型方式，又可形象地称之为 3D 打印。相比传统的加工成型方法，3D 打印特殊的成型工艺决定了其具有成型形状丰富、节能环保、成型周期短与低成本等优势。显然，3D 打印在加工成型领域具有里程碑式的意义，其研究与发展将极大地促进与协助传统加工成型方法与传统制造业的发展。

3D 打印是一种整合了计算机软件、数学、机械自动化、材料科学与设计等多种学科门类的集成技术。3D 打印的工作原理可以被概括为：首先借助切片软件对数字模型文件进行分层与计算，然后通过自动化打印设备将材料按照目标模型的横切面自下而上逐层堆积从而得到目标制品。虽然目前 3D 打印已经初步应用于软体机器人、生物工程、电子元件制造和微流体技术等诸多领域，并且展现出极大的应用与发展潜力，但是 3D 打印仍然面临着成型精度、速度和制品性能的挑战。另外，目前大部分的 3D 打印制品都是作为结构性制品来应用的，缺乏功能性（如导热、刺激响应性能等），这些因素都限制 3D 打印技术的进一步发展与应用。

理论上来讲，以上各因素可通过对 3D 打印软件、设备与材料的研究来调整与改进。其中材料对 3D 打印技术的改进与升级起到了决定性的作用。例如，材料的成型收缩对 3D 打印精度起到了关键性的作用；3D 打印速度与材料的结晶与固化速率密切相关；材料的性能直接决定了 3D 打印制品的综合性能。目前，可用于 3D 打印的材料（结构性与功能性材料）依然非常昂贵与稀缺。例如，可用于熔融沉积成型（Fused Deposition Modeling，FDM）3D 打印的材料只有部分热塑性高分子材料；可用于光固化成型 3D 打印的材料只有光敏树脂。因此，研究与制备可 3D 打印的新型材料对于 3D 打印在未来的应用与发展意义重大。相比传统的金属与无机非金属材料，高分子材料具有质轻、价廉、易于加工成型与性能易于调节等优势，在 3D 打印领域具有极大的研究与应用价值。

二、3D 打印的发展

传统的制造工艺在设计时很少考虑到对环境的影响。然而这些行为持续下去，对地球的影响可能会非常巨大，因为近三分之一的碳排放与产品的生产和物流有关。

3D 打印将使制造业产生更少的废物、更少的库存和更少的二氧化碳排放。工程师和设计师将重新思考产品整个生命周期中的设计，以实现零件的结构一体化，并通过复杂的几何形状生产轻质零件来减少材料消耗并减少浪费。在交通领域，这进一步减轻了车辆和飞机的重量，提高燃油效率，从而减少温室气体排放和能源消耗。

2014 年查尔斯·胡尔被提名欧洲发明家奖，该荣誉奖项颁发给为人类科技发展作出卓越贡献的个人和团队。同年，胡尔入选美国发明家名人堂（NIHOF），这也意味着胡尔步入亨利·福特和史蒂夫·乔布斯等名人之列，成了为人类产生作出持久贡献的发明家。

三、3D 打印的应用领域

3D 打印技术可以应用于任何行业，只要这些行业需要模型或原型。其中对 3D 打印技术需求较大的行业包括航天、国防、科研教育、工业制造、建筑、医疗卫生等领域。

1. 航天、国防方面的应用

航天航空、国防装备关键零部件的外形和内部结构通常较为复杂，铸造、锻造等传统制造工艺难以精准加工，而金属 3D 打印技术无需像传统制造技术一样研发零件制造过程中使用的模具，能让高性能金属零部件，尤其是高性能大结构件的制造流程大为缩短，这将极大地缩短产品研发制造周期。

2. 教育培训行业的应用

实现虚拟世界与实体世界的有机结合，3D 打印机进校园将使得学生在创新能力和动手实践能力上得到训练，将学生的创意、想象变为现实，将极大培养学生动手和动脑的能力，从而实现学校培养方式的变革。

3. 制造业行业的应用

针对不同的零部件设计，3D 打印都可以直接快速地打印出来，满足不同程度的需求，节省时间和成本。3D 打印有助于提高流水线的生产效率，因为 3D 打印快速、低成本，一切可在内部直接完成。

4. 建筑行业的应用

在建筑设计阶段，设计师们已经开始使用 3D 打印机将虚拟中的三维设计模型直接打印为建筑模型，这种方法快速、环保、成本低、模型制作精美。在工程施工中，3D 打印建造技术可直接"建造"住宅建筑，其有利于缩短工期，降低劳动成本和劳动强度，改善工人的工作环境。另一方面，建筑的 3D 打印建造技术也有利于减少资源浪费和能源消耗。3D 打印的建筑模型如图 1-15 所示。

图 1-15

5. 医疗行业的应用

3D 打印技术在医疗行业的应用得到了显著发展。从最早用于牙齿、人体植入物和定制化修复过程起，3D 打印技术的医疗应用发生了很大改变。最近发布的研究表明，3D 打印可以制造人体各种器官组织包括骨骼、耳朵、气管、颌骨、眼睛、细胞、血管、组织，以及药物输送装置等。目前，3D 打印医疗应用主要可以分为以下几个方面：器官及组织制作；制备假肢、植入物及解剖学模型；药物的发现、输送及剂型研究。图 1-16 为 3D 打印医疗模型。

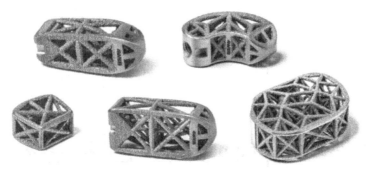

图 1-16

四、3D 打印的一般流程

3D 打印流程主要包括以下步骤：

① 设计 3D 模型：使用 CAD 软件或其他 3D 建模工具创建所需的三维模型。

② 转换 STL 文件：将设计好的模型转换为 STL 格式文件，该文件以三角形网格描述物体表面。

③ 模型切片：将 STL 文件导入切片软件，软件将模型切分成一系列横切面，生成指导打印的数据。

④ 打印准备：根据切片数据，准备打印材料，并调整打印机参数。

⑤ 打印过程：启动 3D 打印机，逐层堆积材料，直至整个物体打印完成。

⑥ 后处理：打印完成后，进行清洗、去支撑、打磨等后期处理，以提高打印件的表面质量和整体外观。

这一流程确保了从数字模型到实体物品的高效、精确转换。

模块二 　　Geomagic Wrap软件

 ## 单元1　Geomagic Wrap 软件的基本操作

一、Geomagic Wrap 软件简介

　　Geomagic Wrap 是一款功能非常强大的 3D 建模数据处理软件。读者可以将需要处理的 3D 扫描数据导入到这款软件中，Geomagic Wrap 就会快速将导入进来的数据迅速转换成可以直接用于 3D 建模的文件。所以，Geomagic Wrap 是一款具有优异功能的能帮助读者更简单、更精准地进行 3D 建模设计的建模软件。

　　Geomagic Wrap 是 Geomagic 公司全新推出的三维扫描数据处理及 3D 模型数据转换应用工具，其强大的功能可在几分钟内完成三维扫描、片面处理、曲面创建等工作流程，支持WRP、IGES、X_T、SAT、PRC、Step 等多种主流的文件导出格式，被广泛应用于航空航天、工业制造、工程建筑、医疗卫生、电工电子、考古艺术、休闲娱乐、科学教育等诸多领域。

　　它可提供业界最为强大的工具箱，包括点云和多边形编辑功能以及强大的造面工具，可根据任何实物零部件通过扫描点云自动生成准确的数字模型。Geomagic Wrap 支持业内种类最多的非接触 3D 扫描和探测设备，并允许用户以 3D 扫描数据进行点云编辑及快速创建精确的多边形模型，同时其强大的重分格栅工具还可帮助我们从杂乱的扫描数据中创建整齐的多边形模型。

　　Geomagic Wrap 所提供的业界功能最为强大的工具箱能够将 3D 扫描数据转换为 3D 模型用于下游处理。Geomagic Wrap 拥有强大的点云处理能力，能够快速完成点云到面片的过程。

　　软件特点：

　　(1) 点云处理模块功能强大；

　　(2) 软件功能操作便捷，易学易用；

　　(3) 强大的自动拟合曲面功能，对艺术、雕塑、考古、医学、玩具类工件优势较大。

二、Geomagic Wrap 软件操作流程

　　Geomagic Wrap 逆向设计的基本原理是对由若干细小的空间三角形组成的多边形模型进行网格化处理，生成网格曲面，进而通过拟合出的 NURBS 曲面或 CAD 曲面来逼近还原

实体模型，采用 NURBS 曲面片拟合出 NURBS 曲面模型。Geomagic Wrap 软件建模的具体流程由"数据采集""数据处理""曲面建模""输出"四个前后联系紧密的阶段来进行，如图 2-1 所示。

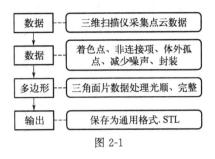

图 2-1

整个建模操作过程主要包括点阶段、多边形阶段和曲面阶段。点阶段主要是对点云进行预处理，包括删除噪声、冗余点和点云采样等操作，从而得到一组整齐、精简的点云数据。多边形阶段的主要作用是对多边形网格数据进行表面光顺与优化处理，以获得光顺、完整的多边形模型。曲面建模可分为精确曲面阶段和参数曲面阶段两个流程。精确曲面阶段主要作用是对曲面进行规则的网格划分，通过对各网格曲面片的拟合和拼接，拟合出光顺的 NURBS 曲面；参数曲面阶段的主要作用是通过分析设计目的，根据原创设计思路定义各曲面特征类型，进而拟合出 CAD 曲面。

三、Geomagic Wrap 命令模块介绍

Geomagic Wrap 主要包括九个命令模块：基础命令模块、采集命令模块、分析命令模块、特征命令模块、点处理命令模块、多边形处理命令模块、精确曲面命令模块、参数化曲面命令模块和曲线命令模块。

1. 基础命令模块

此模块的主要作用是给软件操作人员提供基础的操作环境，包含的主要功能有文件存取、处理对象选取、显示控制及数据结构等。

2. 采集命令模块

此模块的主要作用是通过特定的测量方法和设备，将被测物体表面形状转化为若干几何空间坐标点，从而得到逆向建模以及尺寸评价所需的数据。包含的主要功能有：

① 移动硬件设备、快速对齐、坐标转换和温度补偿；

② 选择特征类型，快速创建特征；

③ 使用硬测头采集，快速实现特征之间的测量；

④ 重新使用已定义投影曲面。

3. 分析命令模块

此模块的主要作用是以点云数据或多边形数据模型为参考，对曲面模型进行误差分析，获取偏差分析图，并对所建曲面模型进行修改，提高逆向建模的精度。包含的主要功能有：

① 生成 3D 偏差分析图；

② 计算对象上两点间最短距离；

③ 计算体积、重心、面积；

④ 生成手动选择点的 X、Y、Z 坐标值并将其导出。

4. 特征命令模块

此模块的主要作用是在活动的对象上定义一个特征结构体，并对其命名，以作为分析、对齐、修建工具的参考，包含的主要功能有：

① 探测特征、创建不同类型的特征；

② 编辑、复制、转化特征；

③ 在图形区域内切换所有特征的显示方式；

④ 参数转换、输出到正向建模软件。

5. 点处理命令模块

此模块的主要作用是对导入的点云数据进行处理，获取一组整齐、精简的点云数据，并封装成多边形数据模型，包含的主要功能有：

① 导入点云数据、合并点云对象；

② 点云着色；

③ 选择非连接项，体外孤点、减少噪声、删除点云；

④ 添加点、偏移点；

⑤ 对点云数据进行曲率、等距、统一或随机采样；

⑥ 将点云数据三角网格化封装。

6. 多边形处理命令模块

此模块的主要作用是对多边形数据模型进行表面光顺及优化处理，以获得光顺、完整的多边形模型并消除错误的三角面片，提高后续拟合曲面的质量。包含的主要功能有：

① 清除、删除钉状物，砂纸打磨，减少噪声以光顺三角网格；

② 删除封闭或非封闭多边形模型多余三角面片；

③ 填充内、外孔或者拟合孔并清除不需要的特征；

④ 网格医生自动修复相交区域、非流形边、高度折射边，消除重叠三角形；

⑤ 细化或者简化三角面片数量；

⑥ 加厚、抽壳、偏移三角网格；

⑦ 合并多边形对象并进行布尔运算；

⑧ 锐化特征之间的连接部分，通过平面拟合形成角度；

⑨ 选择平面、曲线、薄片对模型进行裁剪，修改边界，并可对边界进行编辑、松弛、直线化、细分、延伸、投影、创建新边界等处理；

⑩ 手动雕刻曲面或者加载图片在模型表面形成浮雕。

7. 精确曲面命令模块

此模块的主要作用是通过探测轮廓线、曲率来构造规则的网格划分，准确地提取模型特征，从而拟合出光顺、精确的 NURBS 曲面。包含的主要功能有：

① 自动曲面化；

② 探测轮廓线并对轮廓线进行绘制、松弛、收缩、合并、细分、延伸等处理；

③ 探测曲率线并对曲率线进行手动移动、升级、约束等处理；

④ 构造曲面片并对曲面片进行移动、松弛、修理等处理；

⑤ 移动曲面片，均匀化铺设曲面片；

⑥ 构造格栅并对格栅进行松弛、编辑、简化等处理；

⑦ 拟合 NURBS 曲面并可修改 NURBS 曲面片层，修改表面张力；

⑧ 对曲面进行松弛、合并、删除、偏差分析等处理；

⑨ 转化为多边形或者输出到其他应用程序，做进一步分析。

8. 参数化曲面命令模块

此模块的主要作用是探测区域并对各区域定义特征类型，进而拟合出具有原始设计意图的 CAD 曲面，然后将 CAD 曲面模型发送到其他 CAD 软件中进行进一步参数化编辑。包含的主要功能有：

① 探测区域，定义所选区域的曲面类型；

② 编辑草图，将所选区域拟合成参数化曲面；

③ 拟合连接曲面；

④ 偏差分析，修复曲面；

⑤ 裁剪缝合各曲面或将各曲面参数交换输出到其他 CAD 软件。

9. 曲线命令模块

此模块的主要作用是对点云阶段和多边形阶段处理所得对象的边界轮廓线或截面轮廓线进行提取并对轮廓线进行二维草图编辑，创建曲线模型，然后将曲线模型输出到正向设计软件，进行后续的正向设计。包含的主要功能有：

① 从截面、边界创建曲线；

② 重新拟合、编辑曲线；

③ 绘制和抽取曲线；

④ 将投影曲线转化为自由曲线或边界线；

⑤ 参数转换、发送到正向建模软件。

四、Geomagic Wrap 工作界面

Geomagic Wrap 有两种方法可以启动：第一种方法是单击"开始"菜单中 Geomagic Wrap 程序；第二种方法是双击桌面上 Geomagic Wrap 图标。进入 Geomagic Wrap 后将会看到的工作界面（图 2-2）。

Geomagic Wrap 的工作界面可分为"应用程序菜单""快速访问工具栏""绘图窗口""状态栏进度条""工具栏（分为多个工具组）""管理面板"。

（1）"应用程序菜单"包含文件"新建""打开（直接将文件拖入管理面板，可在同一绘图窗口导入新文件）""导入""保存"等相关命令。

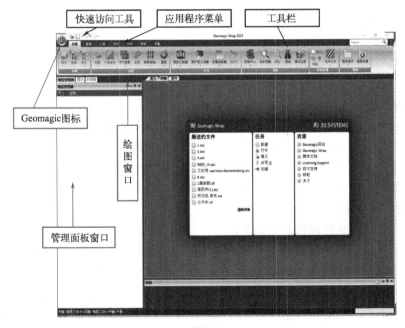

图 2-2

（2）"快速访问工具栏"包含与文件相关的最常用快捷方式，如"打开""保存""撤销"和"恢复"等命令。

（3）"工具栏"包含按组分类的工具操作组。

（4）"绘图窗口"的开始标签可引导用户新建文档或导入已有数据，工作区建立后，开始界面窗口将跳转到图形显示窗口。

（5）单击面板右上角的按钮，将使所对应的面板自动隐藏到软件的左边，所有面板的名称将显示在软件界面左边的边界上，光标停留在这些名称上时，将使相应的面板临时显示出来，当面板显示出来时，再次单击按钮将使面板窗口恢复到默认状态。

（一）视图命令模块

视图命令模块包括"对象""设置""定向""导航""标准纹理""面板"等六个命令组（图2-3）。

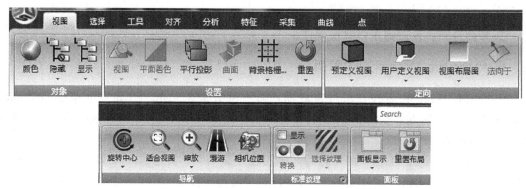

图 2-3

1. "对象"命令组

"对象"命令组包含的操作命令如下。

（1）"颜色"用于设定活动对象的可见颜色，以帮助区分类型相同的多个对象或者空间内相互叠加的对象。

（2）"隐藏"用于在"图形区域"内隐藏一组对象。

"非活动对象"表示在"图形区域"内隐藏非活动对象。

"所有对象"表示在"图形区域"内隐藏所有对象。

（3）"显示"用于在"图形区域"使一组对象变得可见和活动。

"所有对象"表示在不激活的条件下使"图形区域"的所有对象变得可见。

"下一对象"表示关闭当前可见的对象并激活"模型管理器"中下一个对象。

"前一对象"表示关闭当前可见的对象并激活"模型管理器"中前一个对象。

2. "设置"命令组

"设置"命令组包含的操作命令如下。

（1）"视图"用于控制出现在"图形区域"内的是整个对象还是所选的对象部分。

"仅限选定项"表示隐藏未选择的部分并将视图编辑放到选择的部分。

"整个模型"表示取消"仅限选定项"的影响，显示全部对象并清除选择部分。

（2）"平面着色"用于利用颜色单独锐化多边形的线条以提高用户区分它们的能力。

"平滑着色"用于使邻近的多边形变得模糊以创建更加平滑的曲面外观。

（3）"平行投影"用于按原模型的样式显示。

"透视投影"表示多边形投影到"图像区域"时，接近的部分图像显示较大，远离的部分较小。

（4）"曲面"可进行"全部曲面"和"封闭曲面"的操作。

"全部曲面"返回显示对象的所有部分，包括闭合和未闭合的部分。

"封闭曲面"限定只显示对象的闭合部分。

（5）"背景格栅"用于允许激活/关闭背景网格。

"背景格栅选项"是切换和修改背景格栅显示属性的工具。

（6）"重置"用于将"图形区域"的各设置选项恢复到出厂设定值。

"重置当前视图"表示移除边界框使对象返回最近选择的"视图"。

"重置所有视图"表示使对象返回最近选择的"视图"（标准视图或用户定义视图）。

"重置边框"重新计算边界框的尺寸（常用于对象尺寸改变后）。

3. "定向"命令组

"定向"命令组包含的操作命令如下。

（1）"预定义视图"在 Geomagic Wrap 视图命令模块中包含多种视图，依次是"俯视图""仰视图""左视图""右视图""前视图""后视图"和"等测视图"。

（2）"用户定义视图"允许用户自定义和管理视图，用户定义的视图可补充预定义视图。

"保存"表示将对象的当前定向创建为"自定义视图"，并使用系统生成的名称保存。

"另存为"表示名称以及将对象的当前定向创建为用户定义视图的提示。

"删除"用于移除一个"用户定义视图"。

"删除全部"用于移除所有"用户定义视图"。

（3）"视图布局图"可将"图形区域"分割成多个显示面板。

（4）"法向于"用于调整对象的用户视图，使选择的点距离用户最近。

4. "导航"命令组

"导航"命令组包含的操作命令如下。

（1）"旋转中心"可在"图形区域"内修改对象旋转中心。

"设置旋转中心"表示将对象的旋转中心设为"图形区域"对象上的一个点。

"重置旋转中心"表示将对象的旋转中心设为其边界框的中心。

"切换动态旋转中心"用于切换运行方式，以在每次开始旋转时通过鼠标单击设定对象的旋转中心。

（2）"适合视图"用于调节可见对象的缩放范围以填充图形区域。

（3）"缩放"可在"图形区域"缩小或放大对象。

（4）"漫游"命令激活时，允许用户使用键盘控制场景向前、向后、向左、向右、向上、向下。

（5）当 Walk Though 模式激活时，"相机位置"允许用户自己定义视角来浏览。

5. "标准纹理"命令组

"标准纹理"命令组包含的操作命令如下。

（1）"显示"表示激活选择纹理的显示方式。

（2）"选择纹理"指定一种渲染纹理（如斑马线、彩虹、棋盘、电路板、皮革等）。

（3）"转换"用于转换渲染选择的纹理。

"反射"用于在抛光金属变体中渲染选择的纹理。

"标准"表示利用标准外观渲染选择的纹理。

6. "面板"命令组

"面板"命令组包含的操作命令如下。

（1）"面板显示"能够在 Geomagic Wrap 应用程序窗口切换管理面板的显示方式。

"模型管理器"用于在 Geomagic Wrap 应用程序窗口选择是否打开模型管理器。

"显示"表示在 Geomagic Wrap 应用程序窗口选择是否打开显示面板，可通过"显示"面板快速修改和调用系统指标或参数。

"对话框"表示在 Geomagic Wrap 应用程序窗口选择是否打开对话框（对话框包含了每个操作工具的具体操作内容）。

（2）"重置布局"用于重置软件界面布局，恢复到系统默认状态。

（二）选择命令模块

选择命令模块包括"数据""模式"和"工具"三个命令组，如图 2-4 所示。

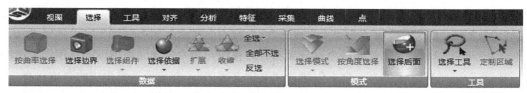

图 2-4

1. "数据"命令组

"数据"命令组包含的操作命令如下。

（1）"按曲率选择"表示可按指定曲率选择多边形。

（2）"选择边界"表示可在点对象或多边形对象上选择一个或多个多边形。

（3）"选择组件"可用来增加现有选择区域的范围。

"有界组件"用于选择所有边界（至少有一个已选择的多边形）内的所有多边形。

"流形组件"用于扩展选项以包括所有相邻的流形三角形。

（4）"选择依据"可根据对象的拔模斜度、边长、区域、体积、折角等几何属性进行选择。

（5）"扩展"可增大现有选择区域的范围。

"扩展一次"表示在现有选择区域的所选多边形上，沿各方向扩展一个多边形。

"扩展多次"用于执行多次"扩展一次"命令。

（6）"收缩"可缩小现有选择区域的范围。

"收缩一次"表示在现有选择区域的所选多边形上，沿各方向收缩一个多边形。

"收缩多次"用于执行多次"收缩一次"命令。

（7）"全选"可进行全选对象和全选数据操作。

"数据"用于在"模型管理器"中选择全部主动对象。

"对象"用于将"模型管理器"内所有的同类对象突出显示（激活）为当前对象。

（8）"全部不选"表示取消选择的整个对象。

（9）"反选"指选择对象所有未选择的部分并取消所有已选择的部分。

2. "模式"命令组

"模式"命令组包含的操作命令如下。

(1)"选择模式"可进行仅选择可见项和选择贯通操作。

"仅选择可见项"使用标准选择工具选择其正面朝向视窗的多边形与 CAD 表面的可见数据。

"选择贯通"使用标准选择工具选择其正面朝向视窗的多边形与 CAD 表面的所有数据，包括可见和隐藏的数据。

(2)"按角度选择"指切换标准选择工具的运行模式。在"折角"模式下，选择工具可扩展选项，以包括所有相邻多边形，这些多边形的共有边都以相对较小的角度相交。

(3)"选择后面"让"仅选择可见"和"选择贯通"对点、多边形和 CAD 对象的背面也起作用。

3. "工具"命令组

"工具"命令组包括的操作命令如下。

"选择工具"默认情况下，选择工具向导处于活动状态，可通过鼠标左键对对象的表面进行选择，也可在"选择"模块中的"选择工具"下拉菜单中选择不同的工具，如图 2-5 所示，还可以在设计窗口右侧的工具条中选择所需要的选择工具，如图 2-5 所示。

图 2-5

"矩形"表示在"图形区域"内的选择形状呈矩形。

"椭圆"表示在"图形区域"内的选择形状呈椭圆。

"直线"表示在"图形区域"内的选择形状呈直线（在点对象上不可用）。

"画笔"表示按住鼠标左键的同时，使选择工具像画笔一样运行。

"套索"表示使选择工具像套索一样运行，这样可选择不规则区域内的所有内容。

"多义线"表示通过单击有限个点，定义不规则多边形的区域。

"折角"表示通过单击并拖动鼠标来动态增大或缩小选择区域。

（三）文件的导入与导出

Geomagic Wrap 可支持多种格式的点云数据和多边形数据的导入，同时也能够以多种方法进行导出。

支持导入的点云数据格式有：＊.wrp、＊.txt、＊.gpd 等，其中无序点云数据包括：3PI ShapeGrabber、AC-Steinbichler、ASC-Generic ASCII、SCN-Laser Design、SCN-Next Engine 等。

支持导入的多边形数据格式有：＊.3ds、＊.obj、＊.stl、＊.ply、＊.iges 等。

生成模型后模型导出的方法有三种：

(1)将模型保存为＊.stl 或＊.iges 等通用格式文件输出；

(2)将模型通过"参数交换"命令导出到正向建模软件（例如 SolidWorks、Pro/E 等）；

(3)将模型通过"发送到"命令导出到正逆向混合建模软件（例如 Geomagic、Design Direct、SpaceClaim 等）。

五、Geomagic Wrap 操作方式

使用 Geomagic Wrap 软件以鼠标操作为主，执行命令时，主要用鼠标单击工具图标，

也可以用键盘来输入命令。

通过功能键和鼠标的特定组合可以快速地选择对象和进行视窗调节，如表 2-1 所示。该表所列的是鼠标键盘控制组合键。

表 2-1　鼠标键盘控制组合键

组合键	命令
左键	(1)单击选择用户界面的功能键和激活对象的元素 (2)单击并拖拉激活对象的选中区域 (3)在一个数值栏里单击上下箭头来增大或减小这个值
Ctrl+左键	取消选择的对象或区域
Alt+左键	调整光源的入射角度和调整亮度
Shift+左键	当同时处理几个模型时，设置为激活模型
滚轮/中键	(1)缩放，即放大或缩小视窗对象的任一部分,把光标放在要缩放的位置上并使用滚轮 (2)把光标放在数值栏里，滚动滚轮可增大或缩小数值 (3)单击并拖动对象在视窗中旋转 (4)单击并拖动对象在坐标系里旋转
Ctrl+中键	设置多个激活对象
Alt+中键	平移
Ctrl+Shift+中键	移动模型
右键	单击获得快捷菜单,包括一些使用频繁的命令
Ctrl+右键	旋转
Alt+右键	平移
Shift+右键	缩放

 ## 单元 2　Wrap_Win3D 三维数据采集系统

一、扫描阶段界面介绍

双击 Geomagic Wrap 图标启动 Wrap _ Win3D 三维数据采集系统软件，点击"采集"→"扫描"按钮，进入软件界面（图 2-6 和图 2-7）。选择 Win3D Scanner 选项，点击"确定"按钮。

1. 工程管理

新建工程：在对被扫描工件进行扫描之前，必须首先新建工程，即设定本次扫描的工程名称、相关数据存放的路径等信息。

打开工程：打开一个已经存在的工程。

2. 视图

标定/扫描：主要用于扫描视图与标定视图的相互转换。

3. 相机操作

参数设置：对相机的相关参数进行调整。

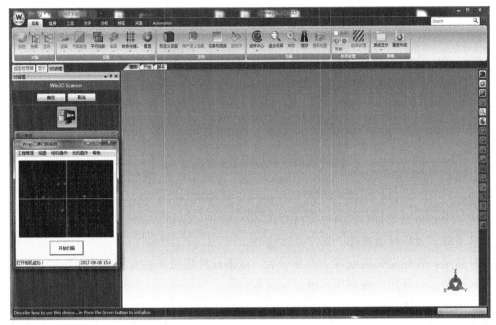

图 2-6

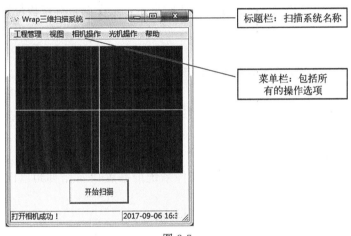

图 2-7

4. 光机操作

投射十字：控制光栅投射器投射出一个十字叉，用于调整扫描距离。

5. 帮助

帮助文档：显示帮助文档。

注册软件：输入加密序列码。

二、软件标定视图

点击 Wrap_Win3D 三维数据采集系统菜单栏中的【视图】-【标定/扫描】按钮，即会打开标定视图界面（图 2-8）。

开始标定：开始执行标定操作。

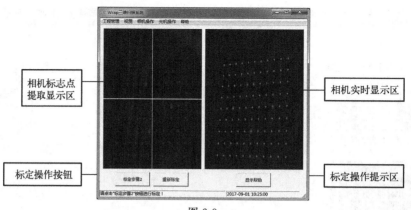

图 2-8

标定步骤：开始标定操作，即下一步操作。

重新标定：若标定失败或零点误差较大，点击此按钮重新进行标定。

显示帮助：引导用户按图所示放置标定板。

标定操作显示区：显示标定步骤及进行下一步提示，标定成功或未成功的信息。

相机标志点提取显示区：显示相机采集区域提取成功的标志点圆心位置（用绿色十字叉标识）。

相机实时显示区：对相机采集区域进行实时显示，用于调整标定板位置的观测。

三、标定过程

1. 启动 Wrap_Win3D 三维数据采集系统

启动 Wrap_Win3D 三维数据采集系统，首先启动专用计算机、硬件系统，使扫描系统预热 5～10min，以保证标定状态与扫描状态尽可能相近。点击 Wrap 图标启动软件，点击"采集"→"扫描"按钮，进入软件界面，点击"视图"切换为标定界面。

2. 调整扫描距离

将标定板放置在视场中央，通过调整硬件系统的高度以及俯仰角（图 2-9），使两个十字叉尽可能重合。

图 2-9

3. 开始标定

根据界面显示的帮助，开始标定过程。

步骤一：将标定板水平放置，调整扫描距离后点击"标定"，此时完成了第一步（图 2-10）。

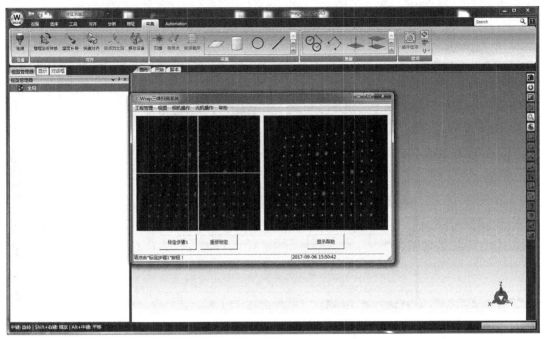

图 2-10

步骤二：标定板不动，调整三脚架，升高硬件系统高度 40mm，满足要求后单击"下一步"，完成第二步（图 2-11）。

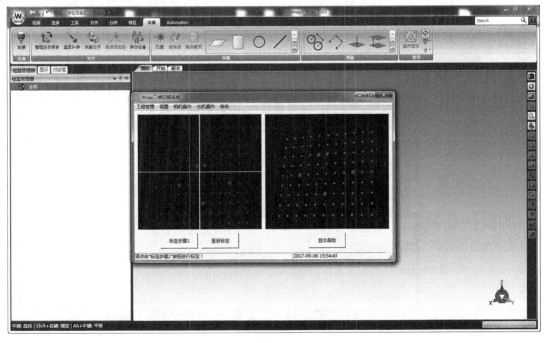

图 2-11

步骤三：标定板不动，调整三脚架，使硬件系统高度降低 80mm，单击"下一步"，然后再调整三脚架，将硬件系统升高 40mm，进入下一步（图 2-12）。

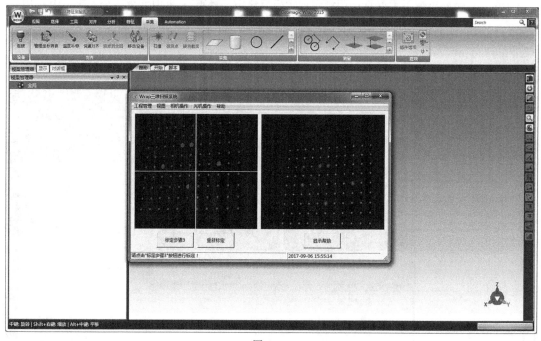

图 2-12

步骤四：硬件系统高度不变，将标定板旋转 90°垫起与相机同侧下方一角，角度约为 20°，让标定板正对光栅投射器，完成第四步（图 2-13）。

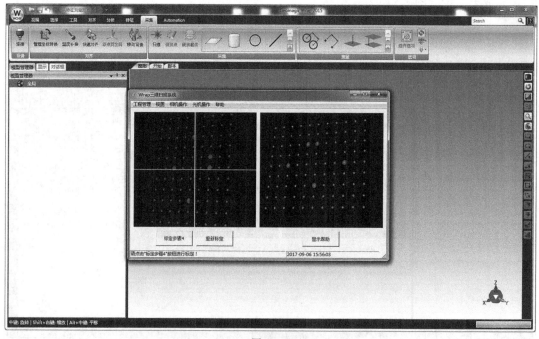

图 2-13

步骤五：硬件系统高度不变，垫起角度不变，将标定板沿同一方向旋转 90°，完成第五步（图 2-14）。

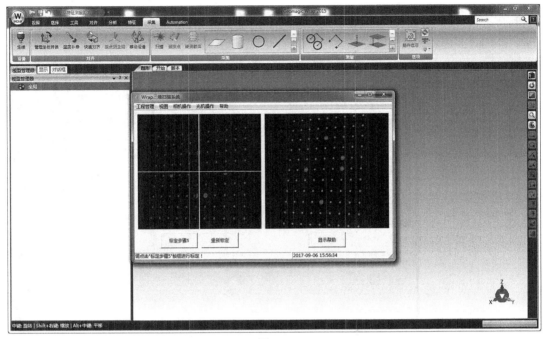

图 2-14

步骤六：硬件系统高度不变，垫起角度不变，将标定板沿同一方向旋转 90°，完成第六步（图 2-15）。

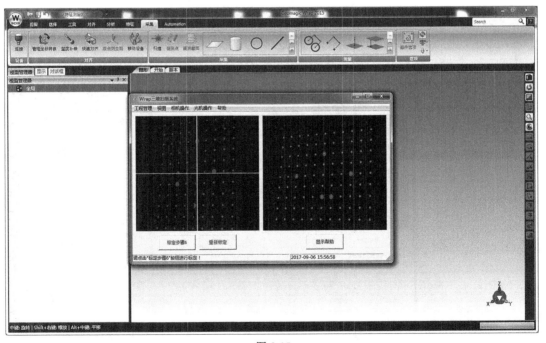

图 2-15

步骤七：硬件系统高度不变，将标定板沿同一方向旋转 90°，垫起与相机异侧一边，角度约为 30°，让标定板正对相机，完成第七步（图 2-16）。

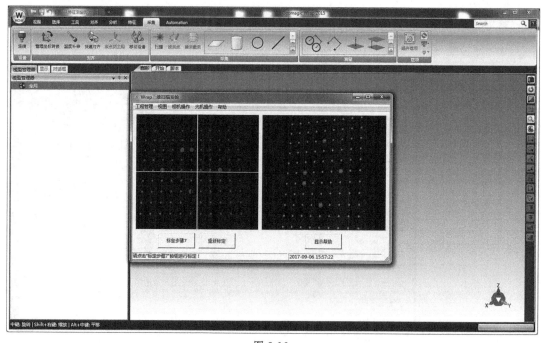

图 2-16

步骤八：硬件系统高度不变，垫起角度不变，将标定板沿同一方向旋转 90°，完成第八步（图 2-17）。

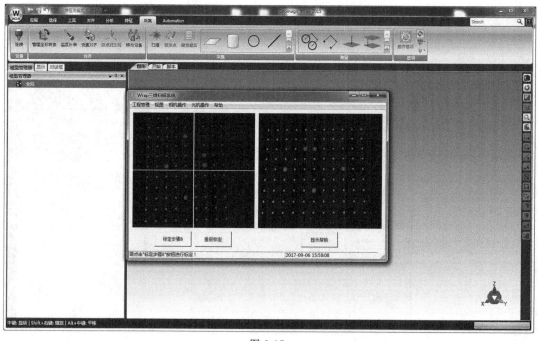

图 2-17

步骤九：硬件系统高度不变，垫起角度不变，将标定板沿同一方向旋转90°，完成第九步（图 2-18）。

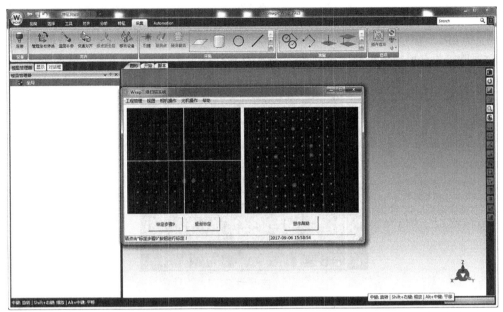

图 2-18

步骤十：硬件系统高度不变，垫起角度不变，将标定板沿同一方向旋转90°，完成第十步（图 2-19）。

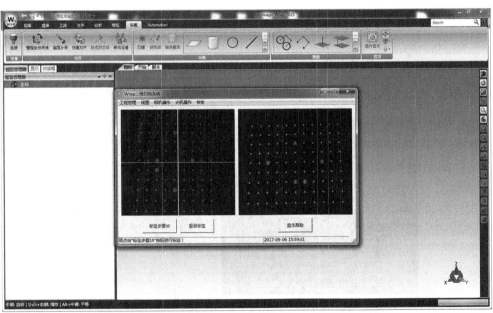

图 2-19

4. 小结

在上述十步全部完成后，在标定信息显示区给出标定结果（图 2-20）。

标定不成功会提示"标定误差较大，请重新标定"。

计算标定参数执行完毕！标定结果平均误差：0.018

图 2-20

5. Wrap_ Win3D 三维数据采集系统标定注意事项

标定的每步都要将标定板上至少 88 个标志点被提取出来才能继续下一步标定（图 2-21）。

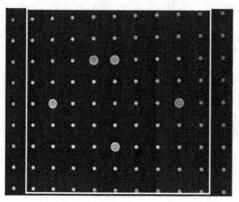

图 2-21

四、扫描视图

点击 Wrap-Win3D 三维数据采集系统菜单栏中的【视图】—【标定/扫描】按钮，即会打开扫描视图界面（图 2-22）。

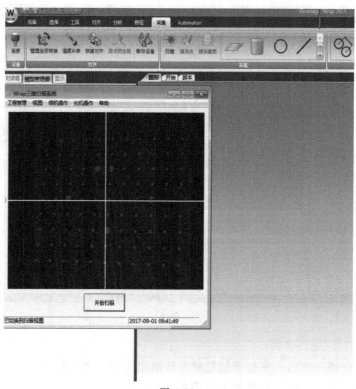

图 2-22

开始扫描：将扫描系统各项参数调整好后，启动单帧工件扫描，执行单帧扫描或点击键盘空格键执行同样操作。

扫描信息树状显示区：显示每次扫描对应的名称。

三维点云显示区：每次扫描得到的点云与标志点都将在该区显示出来，同时在该区可以对点云数据进行相关操作与处理。

相机实时显示区：对相机图像进行实时显示。

五、扫描模式

扫描模式分为拼合扫描、非拼合扫描。不需要拼合的使用非拼合扫描，需要拼合的使用拼合扫描。

1. 拼合扫描

对一些较大的物体一次不能扫描完全部数据，可通过粘贴标志点，利用拼合扫描方式完成，粘贴标志点时要注意以下几个问题：

标志点要贴在物体平面区域上；

标志点不要贴在一条直线上；

两幅单帧扫描之间的公共标志点至少为 3 个，由于图像质量、拍摄角度等多方面原因，有些标志点不能正确识别，因而建议用尽可能多的标志点。

2. 非拼合扫描

对一些物体的扫描，只要扫描一面就能得到所需的数据，此时需要使用非拼合扫描操作。

六、扫描过程

步骤一：新建工程。

点击"新建工程"按钮，会弹出对话框（图 2-23）。

步骤二：调整扫描距离。

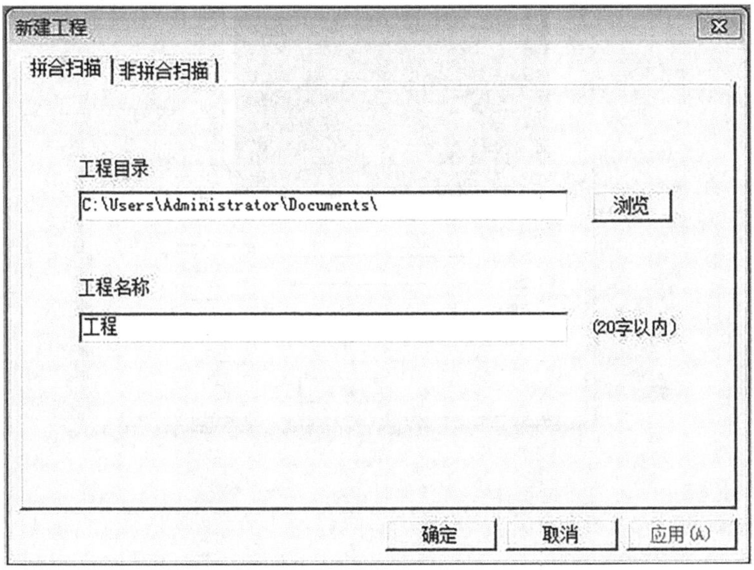

图 2-23

将被扫描工件放置在视场中央，点击【光机操作】—【投射十字】项，通过云台调整硬件系统的高度及俯仰角，使此十字叉与相机实时显示区的十字叉尽量重合，并且保证十字叉尽量在被扫描工件上（图 2-24）。

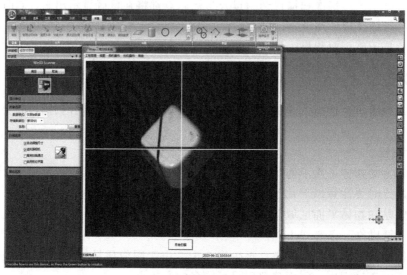

图 2-24

步骤三：调整相机参数。

鼠标点击 Wrap _ Win3D 三维数据采集系统菜单栏中的【相机操作】—【参数设置】，弹出"调整相机参数"对话框。可以通过对话框中的曝光、增益与对比度来调整相机采集亮度（图 2-25）。

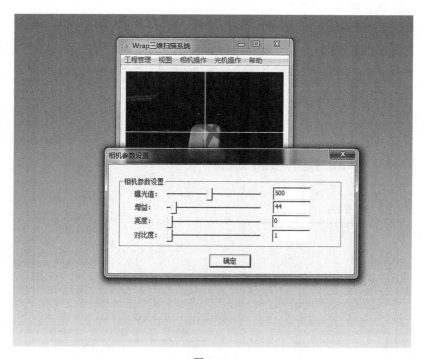

图 2-25

步骤四：单帧扫描。

点击"开始标定"，系统将自动进行单帧扫描。结果在"Wrap 图形显示框"显示三维点云数据（图 2-26）。

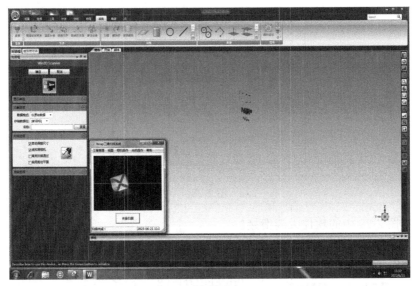

图 2-26

步骤五：检查工程信息。

每次单帧扫描完成后，都应该检查"模型管理器"的工程信息。单步显示各节点的含义（图 2-27）。

步骤六：保存点云数据。

将点云数据扫描完整后，在模型管理器中选择要保存的点云数据。

点击"点-联合点对象"按钮，将多组数据合并为一组数据。点击"右键"选择对话框中的"保存"按钮，保存在指定的目录下（保存的格式为".asc"）。

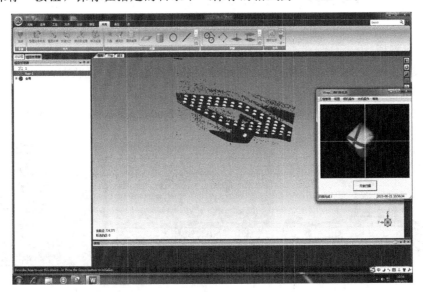

图 2-27

扫描过程中，如果本次扫描所提取出的标志点与之前提取出的标志点公共点少于 3 个，扫描软件系统则会弹出提示对话框，同时不会进行拼接处理，这时需要调整被扫描工件，然后重新进行本次扫描（图 2-28）。

图 2-28

文件可与图 2-29 中的软件无缝衔接。

图 2-29

扫描注意事项：

① 扫描过程中避免扫描系统振动，同时被扫描工件也须是静止状态；

② 扫描时外部环境光线不要太强，暗室操作效果更佳；

③ 深色或反光的物体要喷显像剂进行扫描（图 2-30）（注：喷粉距离约为 30cm，尽可

反光物体

深色物体

显像剂

图 2-30

能薄且均匀);

④ 扫描物体表面需光滑, 否则后期处理会清理不干净。

七、标志点粘贴

(1) 标志点要尽量贴在工件的平面区域或曲率较小的曲面, 且距离工件边界较远一些 (图 2-31);

(2) 标志点不要贴在一条直线上, 且一定避免对称粘贴 (图 2-32);

图 2-31

图 2-32

(3) 公共标志点至少为 3 个, 由于图像质量、拍摄角度等多方面原因, 有些标志点不能正确识别, 因而建议用尽可能多的标志点, 一般 5~7 个为宜;

(4) 粘贴的标志点要保证扫描策略的顺利实施, 并使标志点在长度、宽度、高度方向均应合理分布 (图 2-33)。

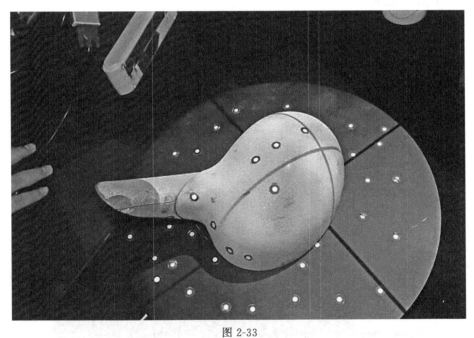

图 2-33

单元 3　Geomagic Wrap 的点云处理方法

点云处理步骤分两个阶段，分别是点云阶段（第一阶段）和多边形阶段（第二阶段）。本单元先学习点云阶段，下一单元学习多边形阶段。

第一阶段：点云阶段

（1）去掉扫描过程中产生的杂点、噪声点；

（2）将点云文件三角面片化（封装），保存为 STL 格式文件。

点云阶段操作过程如图 2-34 所示。

图 2-34

步骤一：打开文件

打开扫描保存的文件。启动 Geomagic Wrap 软件，选择菜单【文件】【打开】命令或单击工具栏上的"打开"图标，系统弹出"打开文件"对话框，查找到数据文件并选中".asc"文件，然后点击【打开】按钮，在工作区显示载体（图 2-35）。

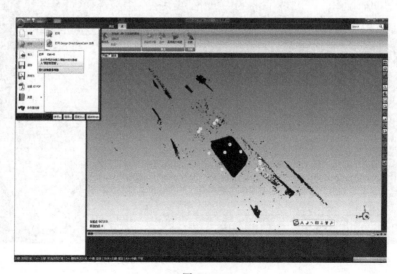

图 2-35

步骤二：将点云着色

为了更加清晰、方便地观察点云的形状，将点云进行着色。

选取面板窗口的图层，选择菜单栏【点】、【着色点】，着色后的视图（图 2-36）。

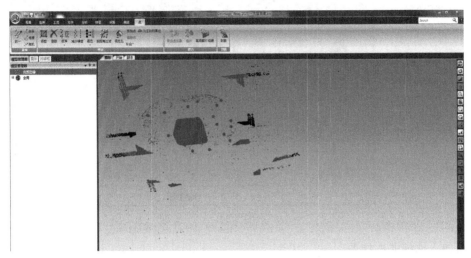

图 2-36

步骤三：设置旋转中心

为了更加方便地观察点云的放大、缩小或旋转，将其设置旋转中心。在操作区域点击鼠标右键，选择"设置旋转中心"，在点云适合位置点击（图 2-37）。

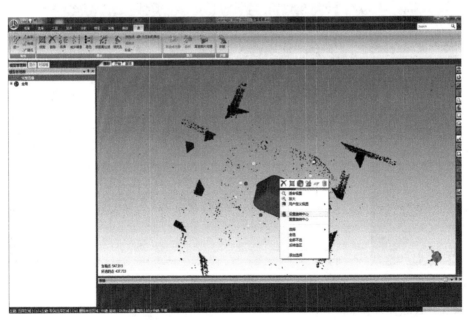

图 2-37

选择工具栏中【套索选择工具】，勾画出需要选取的外轮廓，点云数据呈现红色，点击鼠标右键选择"反转选区"，选择菜单【点】【删除】或按下 Delete 键（图 2-38）。

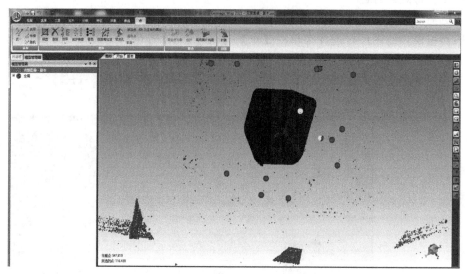

图 2-38

步骤四：选择非连接项

选择菜单栏【点】【选择】【非连接项】在管理器面板中弹出"选择非连接项"对话框。

在"分隔"的下拉列表中选择"低"分隔方式，这样系统会选择在拐角处离主点云很近但不属于它们一部分的点。"尺寸"按默认值 5.0，点击上方的"确定"按钮。点云中的非连接项被选中，并呈现红色，选择菜单【点】【删除】或按下 Delete 键（图 2-39）。

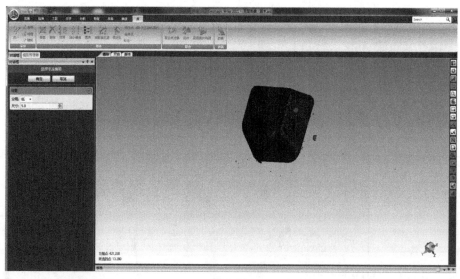

图 2-39

步骤五：去除体外孤点

选择菜单【点】【选择】【体外孤点】，在管理面板中弹出"选择体外孤点"对话框，设置"敏感度"的值为 100，也可以通过单击右侧的两个三角号增加或减少"敏感性"的值。此时体外孤点被选中，呈现红色，选择菜单【点】【删除】或按 Delete 键来删除选中的点（图 2-40）（此命令操作 2～3 次为宜）。

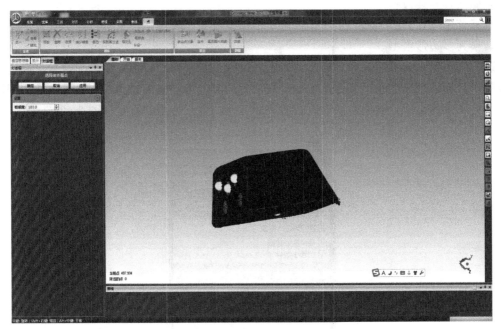

图 2-40

步骤六：删除非连接点云

选择工具栏中【套索选择工具】，配合工具栏中的按钮一起使用，将非连接点云删除。

步骤七：减少噪声

选择菜单【点】【减少噪声】，在管理器模块中弹出"减少噪声"对话框。

选择"自由曲面形状""平滑度水平"滑标到无。"迭代"为 5，"偏差限制"为 0.05mm（图 2-41）。

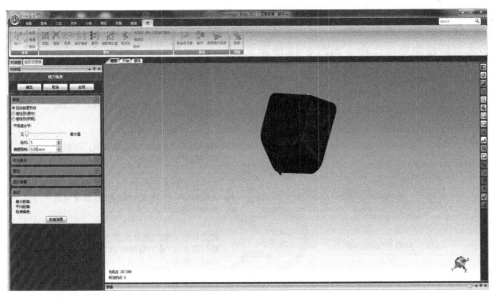

图 2-41

步骤八：封装数据

选择菜单【点】【封装】，系统会弹出对话框，该命令将围绕点云进行封装计算，使点云数据转换为多边形模型。

【采样】：对点云进行采样。通过设置点间距来进行采样。目标三角形的数量可以进行人为设定，目标三角形数量设置得越大，封装之后的多边形网格则越紧密。最下方的滑杆可以调节采样质量的高低，可根据点云数据的实际特性，进行适当的设置（图 2-42）。

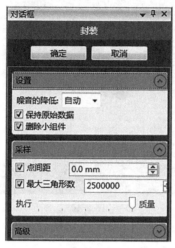

图 2-42

 # 单元 4　Geomagic Wrap 的三角面片处理方法

第二阶段：多边形阶段

（1）将封装后的三角面片数据处理光顺、完整；

（2）保持数据的原始特征。

多边形阶段主要操作命令如图 2-43 所示。

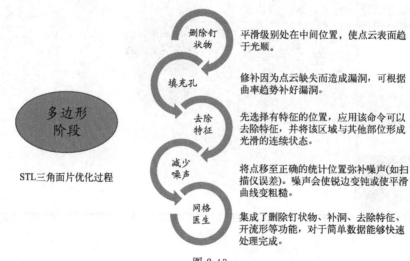

图 2-43

步骤一：删除钉状物

选择菜单栏【多边形】【删除钉状物】按钮，在模型管理器中弹出"删除钉状物"对话框。"平滑级别"处在中间位置，点击"应用"（图 2-44）。

图 2-44

步骤二：全部填充

选择菜单栏【多边形】【全部填充】按钮，在模型管理器中弹出"全部填充"对话框。可以根据孔的类型搭配选择不同的方法进行填充，以下为三种不同的选择方法（图 2-45）。

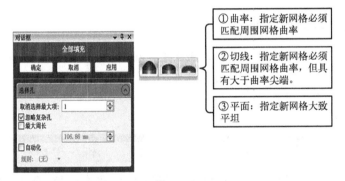

图 2-45

步骤三：去除特征

该命令用于删除模型中不规则的三角形区域，并且插入一个更有秩序且与周边三角形连接更好的多边形网格。但必须先用手动的选择方式选择需要去除特征的区域，然后执行【多边形】【去除特征】按钮。点云到多边形处理效果见图 2-46。

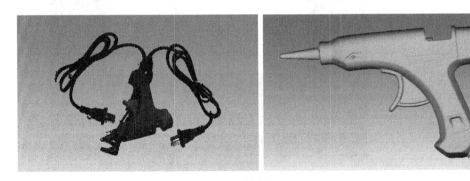

图 2-46

步骤四：保存数据

点击左上角软件图标（文件按钮），文件另存为 .stl 文件（图 2-47）（后续逆向建模需要）。

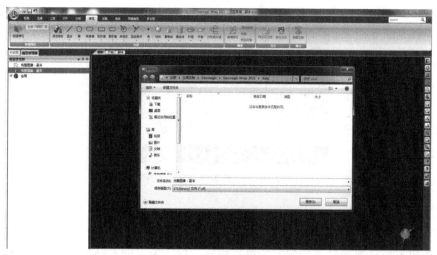

图 2-47

［案例 2-1］ 点云数据的处理

利用已经获取点云数据，并对获得的点云进行相应取舍，剔除噪点和冗余点后保存点云文件。加强大家对复杂表面点云准确获取能力。

（1）将 Wrap 打开（图 2-48）。

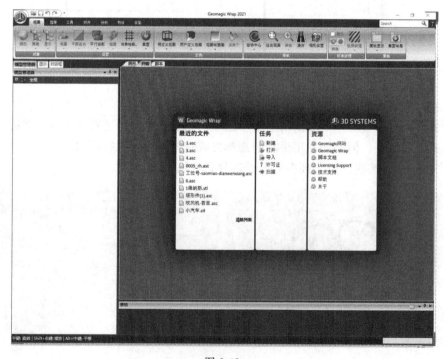

图 2-48

（2）点击左上角图标（图 2-49）选择打开模型，或者在开始窗口（图 2-50）的单元栏（图 2-51）中选择打开文件，找到点云数据（图 2-52）。

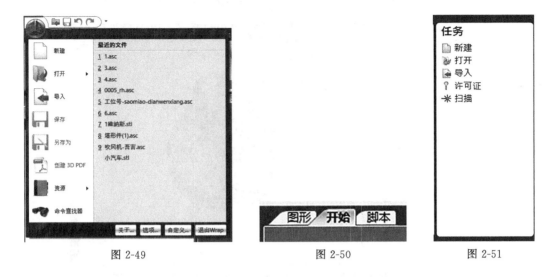

图 2-49　　　　　　　图 2-50　　　　　　　图 2-51

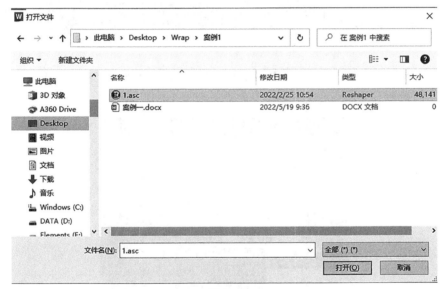

图 2-52

（3）再点开点云数据之后会弹出文件选项，将采样比率调整到 100%（图 2-53）然后点击"确定"。为数据指定单位选择毫米（图 2-54），点击"确定"。完成打开点云数据（图 2-55）。

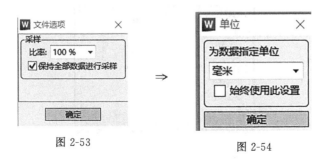

图 2-53　　　　　　　图 2-54

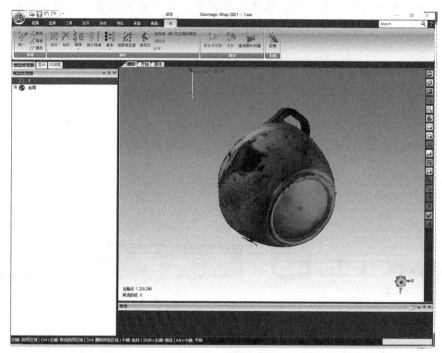

图 2-55

（4）点击点应用模块中的【着色】—【着色点】，对点云数据进行着色（图 2-56）。

图 2-56

（5）点击显示面板，在几何图形显示中将顶点颜色取消（图 2-57，图 2-58）。

图 2-57

图 2-58

（6）开始处理点云数据，点应用模块中的选择中的非连接项（图 2-59），点击"确定"（图 2-60）进行删除多余部分点云或点击 delete 键删除。

图 2-59

图 2-60

（7）点击选择命令中的体外孤点命令（图 2-61），进行杂点删除。体外孤点建议使用 1 到 2 次。处理完之后也可以点住鼠标左键，选中多余的杂点进行手动删除（图 2-62）。

（8）使用"减少噪音"使模型数据的点云更加平滑规整，迭代为 5，偏差限制为

图 2-61

图 2-62

0.05mm（图 2-63）。

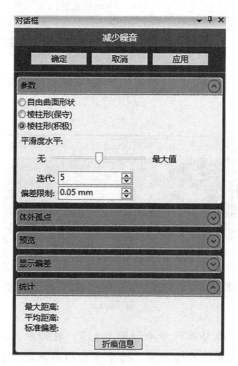

图 2-63

（9）点击"封装"命令将点云封装为三角面片模型（图2-64）。之后在显示面板中的几何图形显示将顶点颜色关掉（图2-65）。

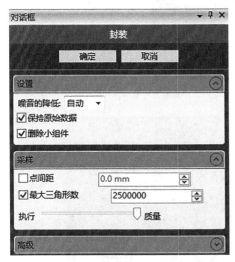

图 2-64

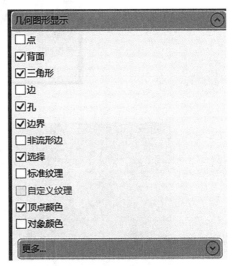

图 2-65

（10）在多边形模块中使用网格医生，点击"应用"进行初步处理（图2-66和图2-67）。

图 2-66

图 2-67

（11）使用"删除钉状物"命令将模型上的钉状物的部分进行删除（图2-68）（如果模型表面质量比较差，可以使用较少噪声 进行再一次降噪）。

（12）选择表面不光顺的区域，使用去除特征命令进行处理（图2-69）。

（13）使用填充孔命令中的"填充单个孔"将孔洞进行填补（图2-70）。

（14）完成模型处理（图2-71）。

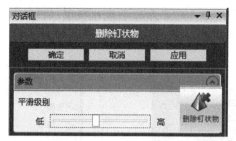

图 2-68

图 2-69

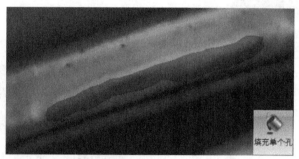

图 2-70

图 2-71

（15）另存为.stl格式。如果文件太大，可以转为点进行采样再次封装导出（图2-72）。

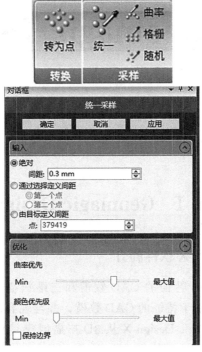

图 2-72

模块三　Geomagic Design X软件

单元 1　Geomagic Design X 草图

一、 Geomagic Design X 软件简介

Geomagic Design X 将基于特征的 CAD 数模和三维扫描数据处理两大技术手段相结合，帮用户创建出可编辑、基于特征的 CAD 数模，并与现有的 CAD 软件兼容。与任何其他逆向工程软件相比，Geomagic Design X 从 3D 扫描创建 CAD 模型更快速、更准确、更可靠。

Geomagic Design X 可以创建出非逆向工程无法完成的设计。例如，需要和人体完美拟合的定制产品；创建的组件必须整合现有产品，精度要求精确到几微米；创建无法测量的复杂几何形状。

Geomagic Design X 并且可以重复使用现有的设计数据，因而无需手动更新旧图纸、精确地测量以及在 CAD 中重新建模。减少高成本的失误直接关系到与其他部件相拟合的精度。

Geomagic Design X 基于完整 CAD 核心而构建，所有的作业用一个程序完成，用户不必往返进出程序。并且依据错误修正功能自动处理扫描数据，所以能够更简单快捷地处理很多的数据。

二、 Geomagic Design X 草图编辑界面认识及使用

草图编辑界面主要包括菜单栏、功能栏、绘图区域（图 3-1）。

草图编辑界面认识主要是通过草图案例的逐步编辑，将指导大家快速熟悉 Geomagic Design X 草图建模中各项功能及操作，逐步引导完成各类图形的建模编辑。下面开始根据绘图步骤认识与熟悉 Geomagic Design X 草图编辑界面。

（1）进入 Geomagic Design X 软件操作界面，选择"草图"，进入草图建模阶段（图 3-2）。

（2）没有模型时，草图界面显示为灰色，仅有草图图标显示亮起（图 3-3）。

（3）点击图标，选择所编辑的基准平面，进入草图建模界面，这时草图界面中各类功能均亮起，可进行编辑（图 3-4）。

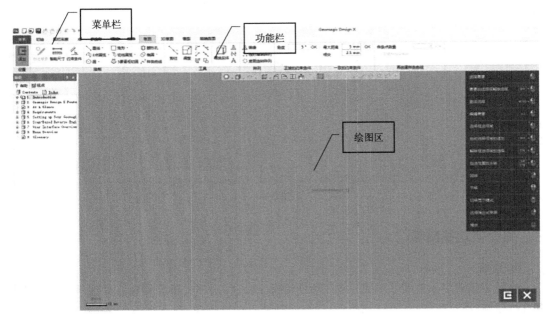

图 3-1

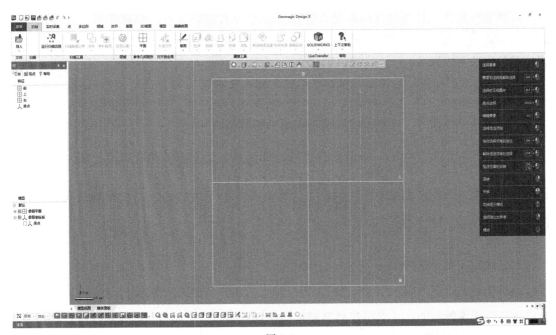

图 3-2

图 3-3

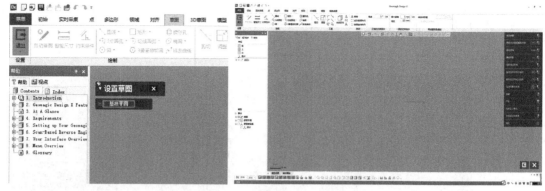

图 3-4

三、草图各功能编辑

1. 直线

绘制一条或多条直线。单击一次开始绘制直线，每次单击都会结束一条线段，双击则结束直线控制。

编辑直线：草图 初始 实时采集 点 多边形 领域 对齐 草图 3D草图 模型 精确曲线 —创建草图 — 直线 。

选择直线功能，并点击建模界面选择任意点作为直线起始点，再选择第二点作为结束点，点击 直线 对勾图标即可结束直线编辑。调整直线长度，例如需要直线长度 200mm，暂有两种方法可以调节：

方法 1：双击线段显示界面，根据坐标轴，输入开始 X −72.8，Y 7.7，结束 X 127.2，Y 7.7；或者调整直线位置，开始 X 0，Y 0，结束 X 200，Y 0（注：此处 X 显示为长度尺寸，Y 显示为宽度尺寸，可根据实际情况调整坐标数值），如图 3-5。

方法 2：点击图标 智能尺寸 ，并分别点击线段的端点，将会显示此时线段长度，并有标注线出现，在左上角处直接修改尺寸 智能尺寸 ，输入 200，并点击对号，此时线段长度将会修改为所需要尺寸（图 3-6）。

2. 矩形

通过确定反角绘制矩形。

编辑矩形：草图 初始 实时采集 点 多边形 领域 对齐 草图 3D草图 模型 精确曲线 —创建草图 — 矩形 。

选择矩形编辑功能，并点击建模界面选择任意点作为矩形起始点，再选择第二点作为结束点，点击 矩形 对勾图标即可结束矩形编辑。调整矩形长度，例如需要矩形 200mm×300mm，暂有两种方法可以调节：

方法 1：双击矩形的任意单边，例如上边线段，显示界面根据坐标轴，输入开始 X 0，Y 0；结束 X 200，Y 300（注：此处 X 显示为长度尺寸，mm；Y 显示为宽度尺寸，mm；可根据实际情况调整坐标数值），点击"确定"，将会显示所需要矩形（图 3-7）。

方法 2：点击图标 智能尺寸 ，并分别点击上（下）边线段的端点，将会显示此时线段长度，

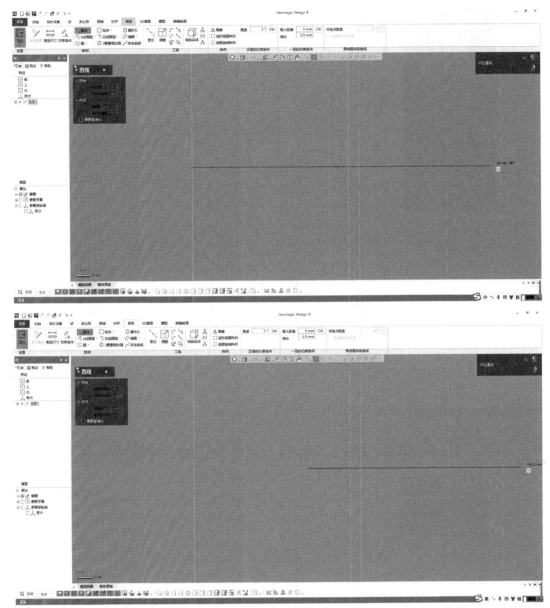

图 3-5

图 3-6

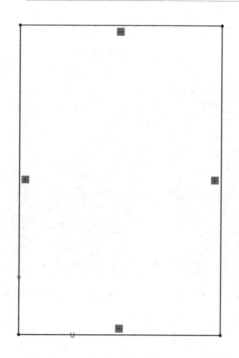

图 3-7

并有标注线出现，在左上角处直接修改尺寸，输入 200，并点击对勾，再重复选择

，对左（右）侧线段进行同样步骤编辑，此时矩形将会修改为所需要尺寸（图 3-8）。

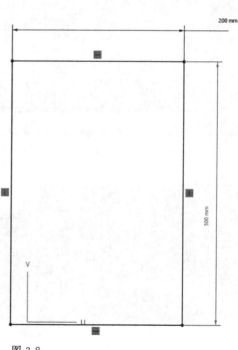

图 3-8

3. 圆形

绘制一个圆。单击一次确定圆的中心点。再次单击设置圆的半径。

编辑圆形：草图 初始 实时采集 点 多边形 领域 对齐 **草图** 3D草图 模型 隔离曲面 ——创建草图 草图 — ⊙圆▾ 。

选择圆形编辑功能 ⊙圆▾ ，并点击建模界面选择任意点作为圆形起始点，再选择第二点作为结束点，点击 圆 ✔ 对勾图标即可结束圆形编辑。调整圆形大小，例如需要圆形R300mm，暂有两种方法可以调节（图3-9）：

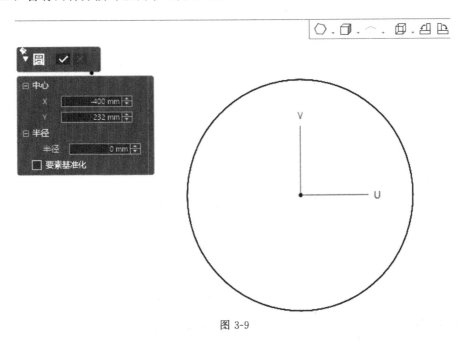

图 3-9

方法1：双击圆形，显示界面半径处输入 300/2＝150mm，调整圆的圆心在坐标中心处，输入中心 X 0，Y 0（注：此处 X，Y 仅表示圆心坐标，可根据实际情况调整），点击"确定"，将会显示所需要圆形（图3-10）。

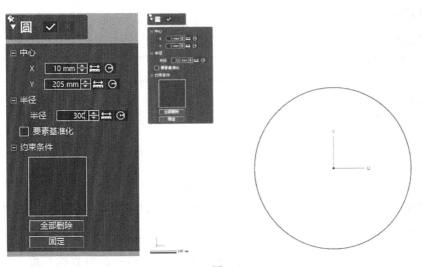

图 3-10

方法 2：点击图标 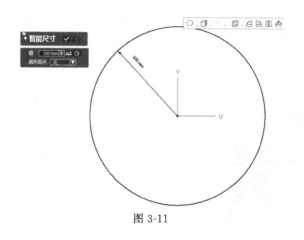，并点击圆轮廓，将会显示此时圆半径，并有标注线出现，在左上角处直接修改尺寸，输入 150，并点击对勾，将会显示所需要圆形（图 3-11）。

图 3-11

4. 腰形孔

通过 3 点法绘制腰形孔，绘制一条穿过通过点的直线并在到达终点时完成绘制。

编辑腰形孔：草图 初始 实时采集 点 多边形 领域 对齐 草图 3D草图 模型 特殊曲面 ——创建草图 草图 ——腰形孔。

选择腰形孔编辑功能 腰形孔，并点击建模界面选择任意点作为腰形孔起始点，再选择第二点作为结束点，此时显示为孔长度，再选择第三点作为孔的宽度，点击 腰形孔 ✓ 对勾图标即可结束腰形孔编辑。调整腰形孔大小，例如需要腰形孔长 200，宽 50，暂有两种方法可以调节（图 3-12）。

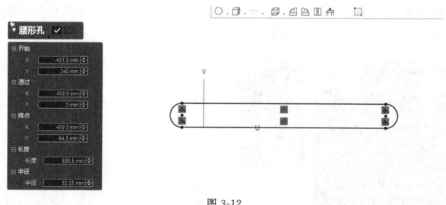

图 3-12

方法 1：双击腰形孔任意边，在坐标轴中输出相应尺寸，开始 X 0，Y 50；结束 X 200，Y 50；点击"确定"（注：此处 X 显示为长度，Y 显示为宽度，可根据实际情况调整坐标数值），将会显示所需要腰形孔（图 3-13）。

方法 2：点击图标 智能尺寸，并点击腰形孔直线部分，将会显示此时直线长度，并有标注

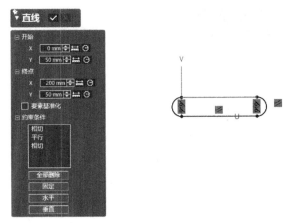

图 3-13

线出现，在左上角处直接修改尺寸 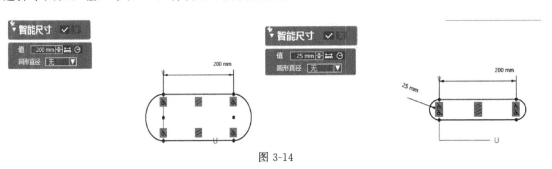，输入 200，并点击对勾，再重复之前步骤，

选择半圆弧，输入半径 25，将会显示所需要腰形孔（图 3-14）。

图 3-14

[案例 3-1] 功能圆的应用

案例草图如下：

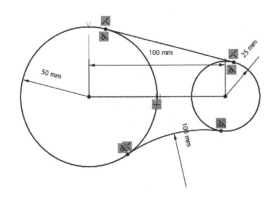

绘图步骤：

（1）选择圆编辑 ⊙ 圆 ▼ 功能，绘制 $R50\mathrm{mm}$ 的圆。

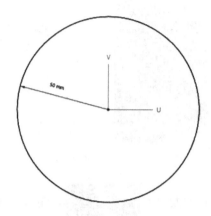

（2）选择直线编辑 ＼ **直线** ▾ 功能，绘制圆心距 100mm 的直线。

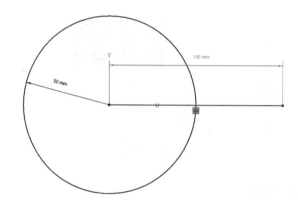

（3）以直线的另一个端点为圆心，选择圆编辑 ⊙ **圆** ▾ 功能，绘制 $R25$mm 的圆。

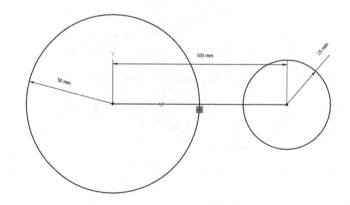

（4）选择直线编辑 ＼ **直线** ▾ 功能，编辑直线切线。

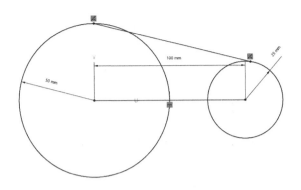

（5）选择约束条件 ，同时选择大圆和直线，将会弹出相应对话框，选择相切；同样步骤选择小圆与直线，做出相切约束。

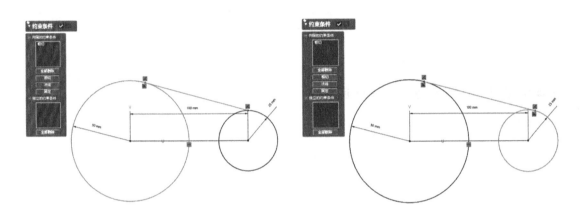

（6）选择圆编辑 ⊙圆▾ 功能，绘制 $R100\text{mm}$ 的圆。

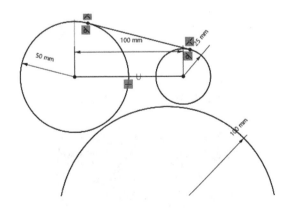

（7）选择约束条件 ，同时选择 $R100\text{mm}$ 圆及 $R50\text{mm}$ 圆，将会弹出对话框，选择相切；同理，绘制 $R100\text{mm}$ 圆与 $R25\text{mm}$ 圆相切。

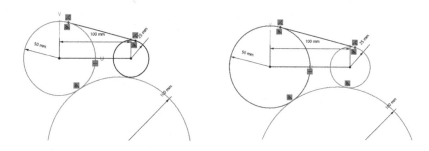

（8）选择剪切功能 ![剪切]，将多余的线段修剪掉，就得到所需要的草图。

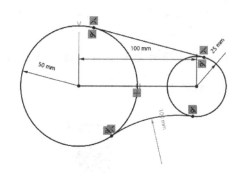

［案例 3-2］ 矩形与圆命令的应用 1

案例草图如下：

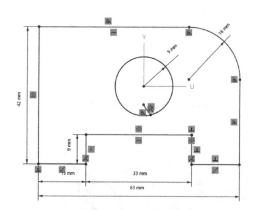

（1）选择圆编辑 ⊙圆▾ 功能，绘制 $R9mm$ 的圆。

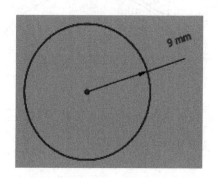

（2）分别以圆心为基准，向左侧和下侧绘制两条直线，选择直线编辑 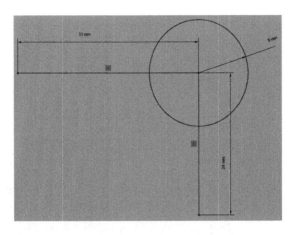直线▾功能，编辑直线，长度33mm和24mm。

（3）分别以两条直线端点为基准，绘制两条直线，并智能标注尺寸，分别为42mm和63mm。

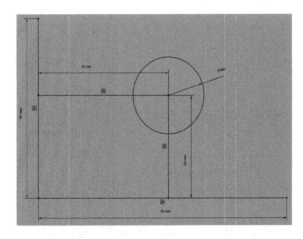

（4）根据长度为42mm和63mm的直线端点，绘制封闭的长方形。

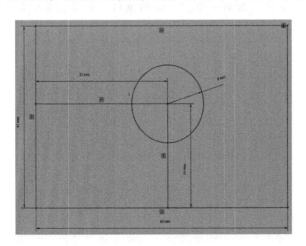

（5）选择圆编辑 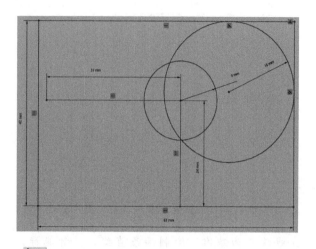 圆▾ 功能，在图形右上角，绘制 $R16mm$ 的圆，并选择圆与两条直线，在对话框中选择相切。

（6）使用剪切功能 剪切 ，将多余线条删除。

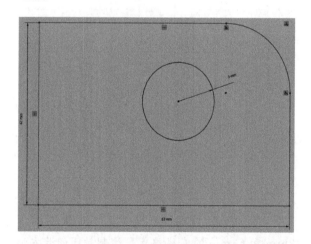

（7）以左侧线段为基准，绘制一条 15mm 的直线，并紧接着绘制 33mm 的直线。

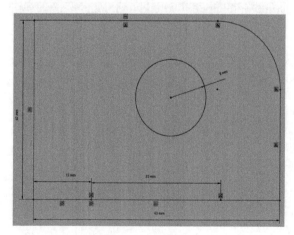

（8）再以 33mm 直线为基准绘制长 33mm，宽 9mm 的长方形。

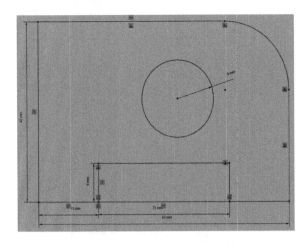

（9）将多余的线条用剪切功能删除，得到所需要的图形。

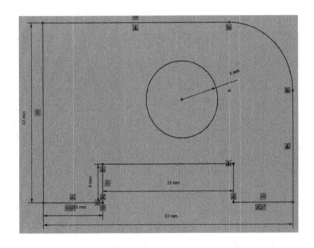

[案例 3-3]　矩形与圆命令的应用 2

案例草图如下：

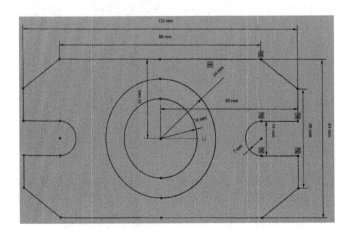

（1）优先绘制中间的两个圆 $R24$mm 和 $R16$mm，并做约束同心。

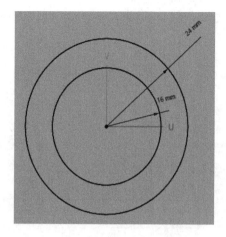

（2）以圆心为基准，分别绘制两条直线 120mm 和 64mm，这两条直线距离圆心的距离，分别为 32mm 和 60mm。

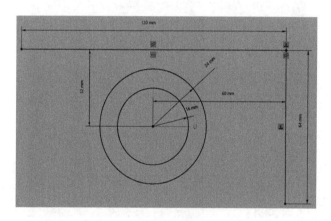

（3）根据边框尺寸，绘制一个长 120mm，宽 64mm 的长方形。

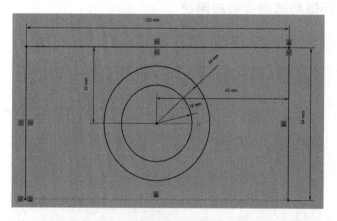

（4）根据右侧直线中点为起始点，绘制直线，长度 16mm，并根据另一端点绘制直线；同时再以长度为 16mm 的直线为中心线，绘制一个长 16mm，宽 14mm 的长方形，并以其端点为圆心绘制一个 $R7$mm 的圆，并用剪切功能对图形进行修改。

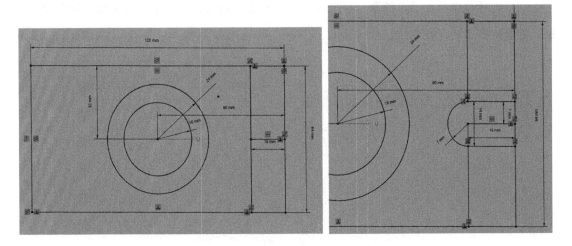

（5）根据右侧直线中点为中点，绘制直线，长40mm，并连接两个端点，形成斜线，使用剪切功能将多余的线条修剪。

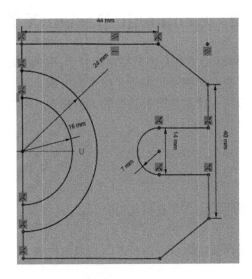

（6）在圆中间绘制一条直线作为基准线，并可将左侧全部线条修剪。

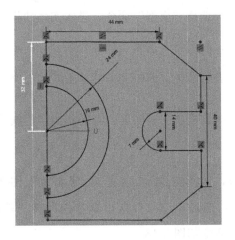

（7）选择镜像功能 ，选择右侧所有绘制的线条，以中间的直线为对称轴做镜像，最后将多余的线条删除。

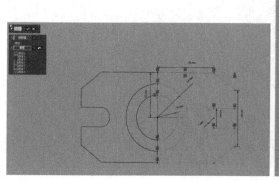 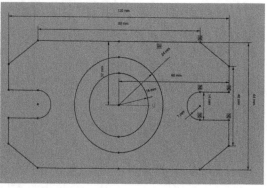

单元2 Geomagic Design X 的实体命令

Geomagic Design X 实体命令主要是将草图或面片草图中编辑的图形进行实体化，最终形成立体的三维模型，以下是草图使用实体命令建模的步骤。

使用实体命令，首先均是在建立草图后进行的实体建模，若没有草图或平面图形，实体命令将会是灰色，无法使用。

下面将会对建模中常用的实体命令进行使用介绍。

1. 拉伸

根据草图和平面方向创建新实体。可进行单向或双向拉伸，且可通过输入值或设置条件定义拉伸尺寸。

编辑步骤：

（1）根据已知平面图形，选择"模型"命令，进入实体建模（图3-15）。

（2）选择拉伸 命令，根据指令选择拉伸的轮廓、方向、距离长度20mm，若需要两个方向，也可点击反方向，进行编辑，编辑完毕后单击对勾，完成拉伸命令（图3-16）。

2. 回转

使用草图轮廓和轴或边线创建新回转实体。草图将绕所选线形边线或轴回转，以创建实体结果。

编辑步骤：

（1）根据已知平面图形，选择模型命令，进入实体建模（图3-17）。

（2）选择回转 命令，选择草图，根据指令选择回转的轮廓、轴、方向、角度30°，编辑完毕后确认，完成回转命令如图3-18。

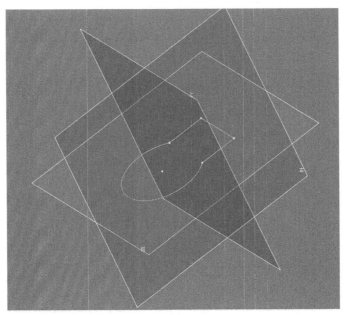

图 3-15

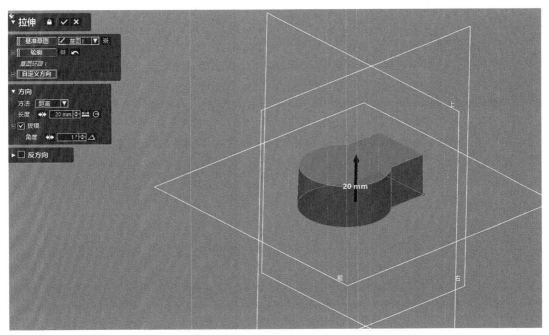

图 3-16

3. 扫描

将草图作为输入创建新扫描实体。扫描需要两个草图，即一个路径和一个轮廓。沿向导

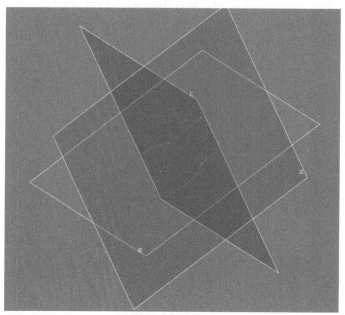

图 3-17

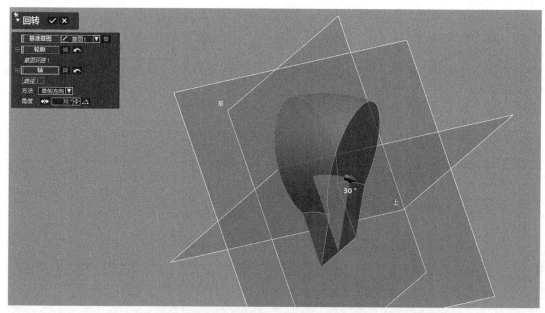

图 3-18

路径拉伸轮廓,以创建封闭扫描实体。或者可以将额外轮廓用作向导曲线。

编辑步骤:

(1) 根据已知草图图形,选择"模型"命令,进入实体建模(图 3-19)。

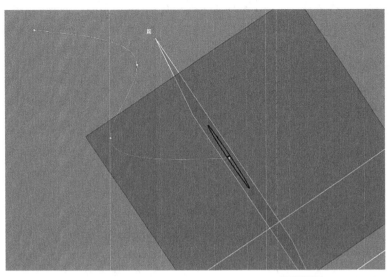

图 3-19

（2）选择扫描 命令，根据指令选择扫描的轮廓、路径，并根据需求选择其他命令，编辑完毕后确认，完成扫描命令（图 3-20）。

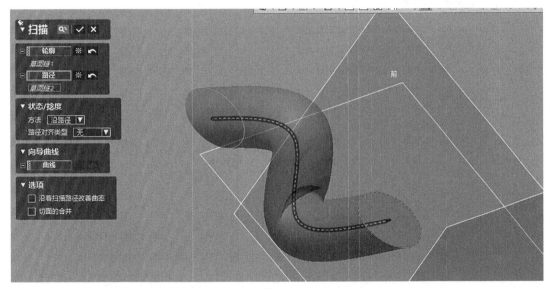

图 3-20

4. 放样

通过至少两个封闭轮廓新建放样实体。按照选择轮廓的顺序将其互相连接。或者可将额外轮廓用作向导曲线，以帮助清晰明确地引导放样。

编辑步骤：

（1）首先建立三个平面，分别在三个平面上绘制不同的草图（图 3-21）。

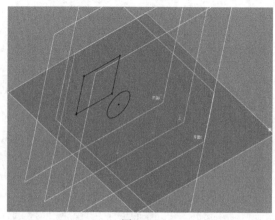

图 3-21

（2）根据已知草图图形，选择"模型"命令，进入实体建模（图 3-22）。

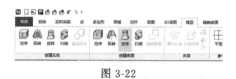

图 3-22

（3）选择放样 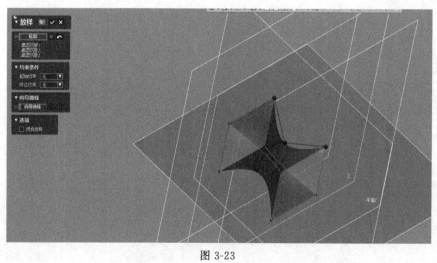 命令，根据指令选择扫描的轮廓，并根据需求选择其他命令，编辑完毕后确认，完成放样命令（图 3-23）。

图 3-23

5. 切割

移除带有曲面或平面的材质，以切割实体。可手动选择剩余材料。

编辑步骤：

（1）切割首先需要一个完整模型，在已知模型下进行切割（图 3-24）。

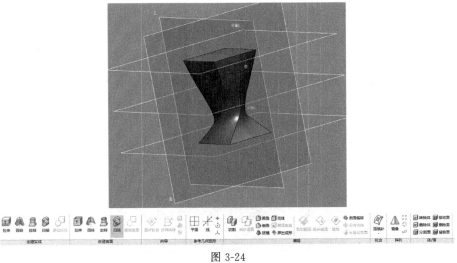

图 3-24

（2）选择切割 命令，根据指令选择工具要素。对象体，完成后选择"下一步"，再
进行选择残留体，最后确认，完成切割命令（图 3-25）。

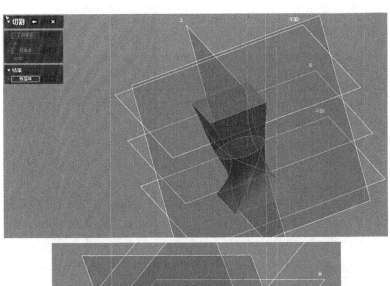

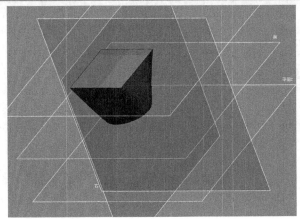

图 3-25

6. 布尔运算

将多个部分整合为一个实体。用其他部分作为切割工具，移除您的部分中的领域，将多个部分合并在一起（只留下部分重叠的领域）。

编辑步骤：

（1）选择已知图形的一面作为基准面，建立草图，绘制一个所需要的椭圆形（图3-26）。

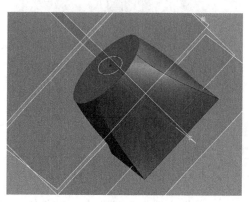

图 3-26

（2）选择拉伸功能，选择轮廓，确定反方向，输入数字20，并在结果运算中选择切割，此时就自动完成了布尔减运算（图3-27）。（确定正方向，输入数字20，并在结果运算中选择"合并"，此时就自动完成了布尔加运算）。

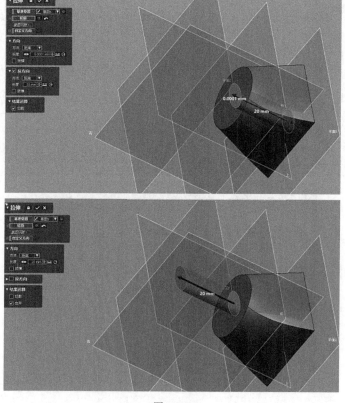

图 3-27

7. 圆角、倒角

在实体或曲面体的边线上创建圆角特征。

编辑步骤：

（1）圆角、倒角需要在实体上进行，因此必须存在已经建好的模型，我们仍用之前建好的模型，选择圆角 ⬭圆角 命令，根据弹出的对话框，选择要素，输入半径并确定（图3-28）。

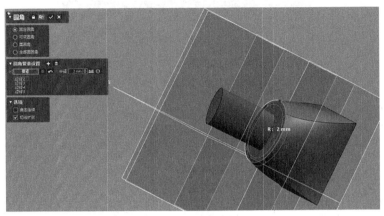

图 3-28

（2）选择倒角 ⬡倒角 命令，根据弹出的对话框，选择要素，输入半径并确定（图3-29）。

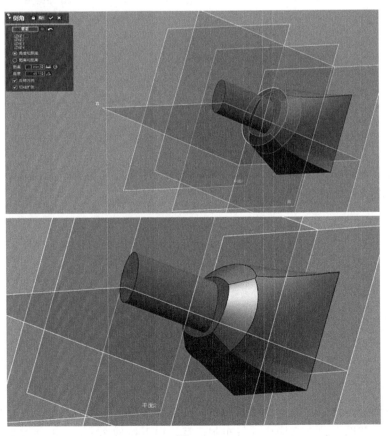

图 3-29

实体案例 1：绘制实体模型

熟练运用绘图软件，绘制以下实体模型（图 3-30）。

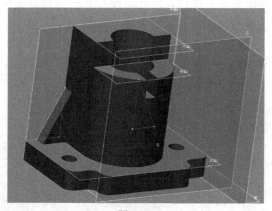

图 3-30

编辑步骤：

（1）建立草图，并优先绘制底板平面图（图 3-31）。

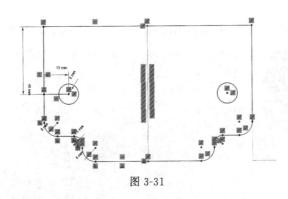

图 3-31

（2）对草图进行拉伸，拉伸尺寸 15mm，并在拉伸后的模型上平面建立草图，绘制长方体及圆柱体（图 3-32）。

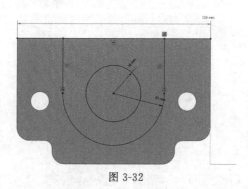

图 3-32

（3）对草图进行拉伸，拉伸尺寸 90mm，拉伸后以最上层面为基准面，再建立草图，绘制需要切割部分草图，建立完毕后进行布尔运算，向下拉伸 20mm（图 3-33）。

图 3-33

（4）以切割后的平面作为基准面，再建立草图，绘制需要切割部分草图，建立完毕后进行布尔减运算，向下拉伸 15mm（图 3-34）。

图 3-34

（5）以整个图形的后面为基准面，建立草图，绘制肋板的平面图形，绘制完毕后进行拉伸 10mm（图 3-35）。

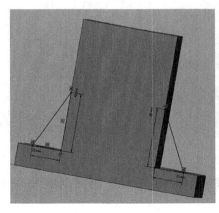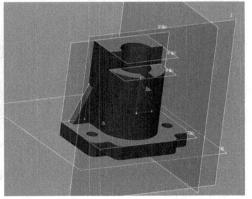

图 3-35

实体案例 2: 绘制实体模型

熟练运用绘图软件，绘制以下实体模型（图 3-36）。

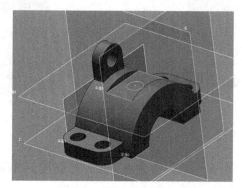

图 3-36

编辑步骤：

（1）建立草图，并优先绘制平面图，绘制完毕后进行拉伸 70mm（图 3-37）。

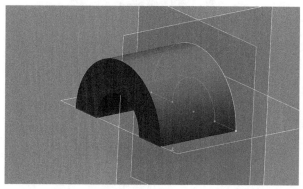

图 3-37

（2）以半圆柱底面为基准面，建立草图，绘制两边，并进行拉伸 14mm（图 3-38）。

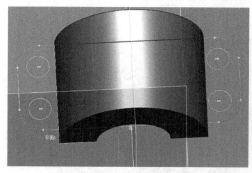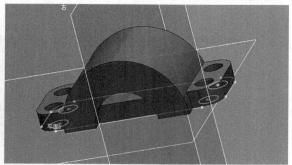

图 3-38

（3）以半圆柱后侧为基准面，建立草图，绘制凸台拉伸 12mm，并建立草图 2，将中间部分切除（图 3-39）。

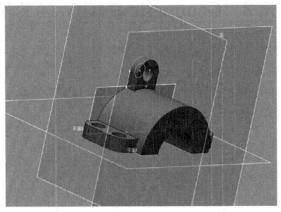

图 3-39

（4）在半圆柱顶端建立基准面，并以此建立草图，绘制完毕后进行拉伸 6mm（图 3-40）。

图 3-40

（5）以顶端平面为基准建立草图，在中心处绘制圆并拉伸 25mm，运用布尔减运算，并完成了模型建立（图 3-41）。

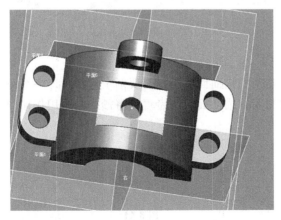

图 3-41

单元 3　Geomagic Design X 的片体命令

Geomagic Design X 片体命令主要用于逆向建模时使用，将扫描后的模型各个轮廓进行面片草图设计，为实体建模做准备。

使用片体命令，首先均是在建立草图后进行的创建曲面，若没有草图或平面图形，创建曲面命令将会是灰色，无法使用。

下面将会对建模中常用的实体命令进行使用介绍。

1. 拉伸

根据草图和平面方向创建新曲面实体。可进行单向或双向拉伸，且可通过输入值或"高达"条件定义拉伸尺寸，操作方法与实体建模类似（图 3-42）。

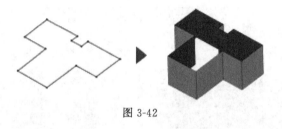

图 3-42

2. 回转

使用草图轮廓和轴或边线创建新回转曲面实体。草图将绕所选线形边线或轴回转，以创建曲面结果，操作方法与实体建模类似（图 3-43）。

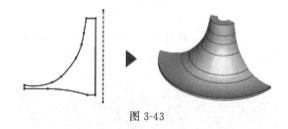

图 3-43

3. 扫描

将草图作为输入创建新扫描曲面。扫描需要两个草图，即一个路径和一个轮廓。沿向导路径拉伸轮廓，以创建封闭扫描曲面。或者可以将额外轮廓用作向导曲线，操作方法与实体建模类似（图 3-44）。

图 3-44

4. 放样

通过至少两个封闭轮廓新建放样曲面实体。按照选择轮廓的顺序将其互相连接。或者可将额外轮廓用作向导曲线，以帮助清晰明确地引导放样，操作方法与实体建模类似（图 3-45）。

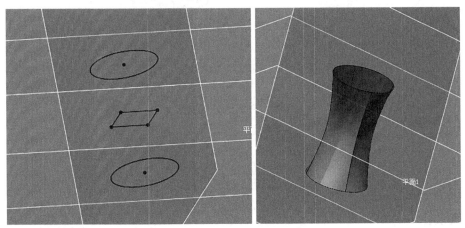

图 3-45

5. 面片拟合

将曲面拟合至所选单元面或领域上（图 3-46）。

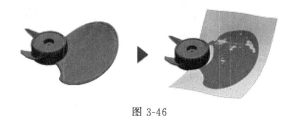

图 3-46

6. 放样向导

从单元面或领域中提取放样对象。向导会以智能方式计算多个断面轮廓并基于所选数据创建放样路径（图 3-47）。

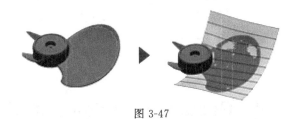

图 3-47

7. 延长曲面

延长曲面体的境界。用户可选择并延长单个曲面边线或选择整体曲面和所有待延长的开放边线（图 3-48）。

8. 剪切曲面

运用剪切工具将曲面体剪切成片。剪切工具可以是曲面、实体或曲线。可手动选择剩余材质（图 3-49）。

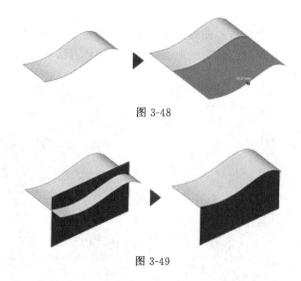

图 3-48

图 3-49

9. 面填补

根据所选边线创建曲面。在修复损坏曲面片或 CAD 面，或只关闭开放的曲面体方面十分有用（图 3-50）。

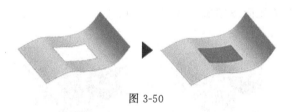

图 3-50

10. 缝合

将相邻曲面结合到单个曲面或实体中。必须首先剪切待缝合的曲面，以使其相邻边线在同一条直线上（图 3-51）。

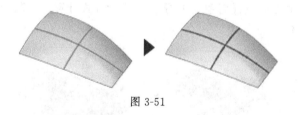

图 3-51

单元 4　Geomagic Design X 的基准命令

用来确定一个图形用作基点进行标注的第一个点、第一条线或第一个面作为起点的命令。这个点、线或面就是作为基准用的。比如一个零件总是要有起点的，这个起点就作为基准点、基准线或基准面，用来进行计算长度或是宽度、高度。

1. 基准点

构建参照点。此参照点可用来标记模型上或 3D 空间中的具体位置（图 3-52）。参照点在检索多点的平均点以及线与面间的交集、定义并导入位置信息方面非常有用。

图 3-52

2. 基准线

构建新参照线。在构建草图过程中可以使用线。线还可定义建模特征的方向或轴约束（图 3-53）。

图 3-53

3. 基准面

构建新参照平面。此平面可用于创建面片草图、镜像特征并分割面片交集中的面片和轮廓，可选取多个功能（图 3-54）。

图 3-54

单元5　Geomagic Design X 的偏差分析

将实体或曲面模型与原始扫描数据进行体偏差对比分析，对所建结果模型进行体偏差对比分析，由体偏差色图可知所建模型偏差在允许范围之内，符合建模要求。

偏差需要在点云的处理状态下才能进行编辑（图 3-55）。

图 3-55

选择变换为点云 变换为点云 命令，选择模型并确认，此时偏差命令才能亮起，能够进行编辑（图 3-56）。

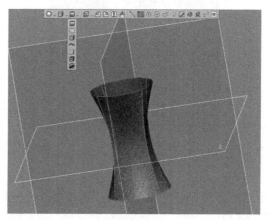

图 3-56

（1）体偏差▣：将实体或曲面模型与其原始扫描数据进行比较。在建模命令或基准模式中将其激活。使用此命令进行建模决策，以取得最精确的结果。

（2）面片偏差◉：在您处理面片时，显示面片与其原始状态或之前状态的偏差。在执行诸如平滑和优化命令过程中，使用此命令了解面片变化的程度（图 3-57）。

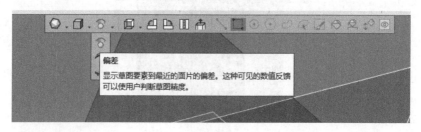

图 3-57

单元 6　Geomagic Design X 的 3D 草图/3D 面片草图命令

针对 3D 图形或者扫描图形进行逆向处理时，面、孔等细致部分均需要在 3D 草图或 3D 面片草图情况下进行处理，建模。

（1）样条曲线：创建由插入点定义的 3D 样条曲线（图 3-58）。

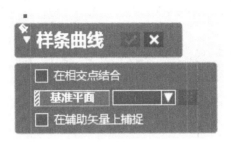

图 3-58

（2）境界：从面片境界提取曲线（图 3-59）。

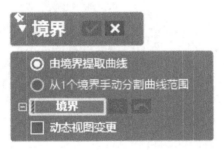

图 3-59

 单元 7　逆向案例

逆向案例 1：基本模型的绘制

（一）模型主体创建

（1）打开 Geomagic Design X 软件，将模型的 .stl 文件导入软件中，点击"初始"，选择文件夹中 stl 基本模型文件，单击"导入"（图 3-60）。

（2）点击"领域"—"自动分割"（敏感度为 50）（图 3-61）。

点击"确定"，创建出领域组（图 3-62）。

（3）对整体模型进行实体拉伸。

点击"草图"—"面片草图"，基准平面选择前平面（图 3-63）。

拖动细长线的箭头，点击对勾（图 3-64）。

（4）为方便看出轮廓线，将点云进行隐藏。点击左下角面片（图 3-65）。

（5）选择"自动草图"，直接框选轮廓线（图 3-66）。

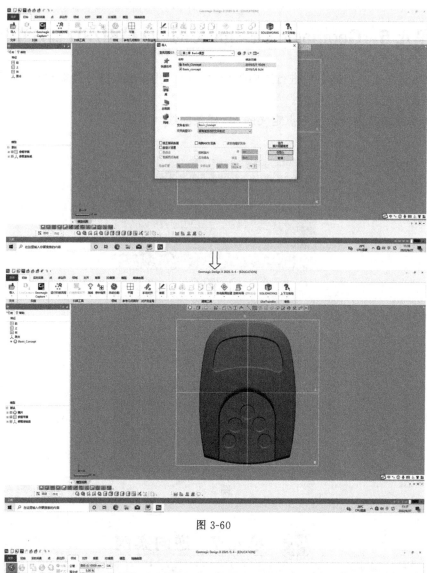

图 3-60

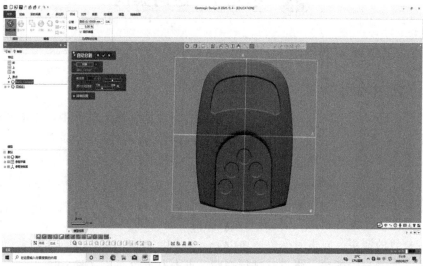

图 3-61

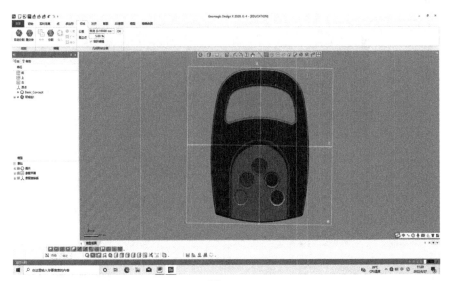

图 3-62

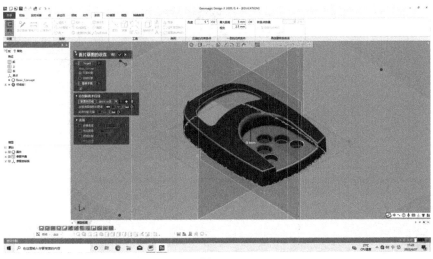

图 3-63

（6）将底部的一根线进行删除，并点击 ，点击端点进行延长（图 3-67）。

（7）点击 ╲直线·将两个线段的端点进行连接（图 3-68）。

（8）绘制完轮廓线之后，点击"模型"—"拉伸"，方向中的方法选择"到领域"，选择上表面的领域（图 3-69）。

（9）点击面片拟合 ，选择底部领域（图 3-70）。

打开实体，点击"切割"，工具要素—面片拟合 1，对象体—拉伸 1，如图 3-71，进入下一步，残留体保留主体部分（图 3-71）。

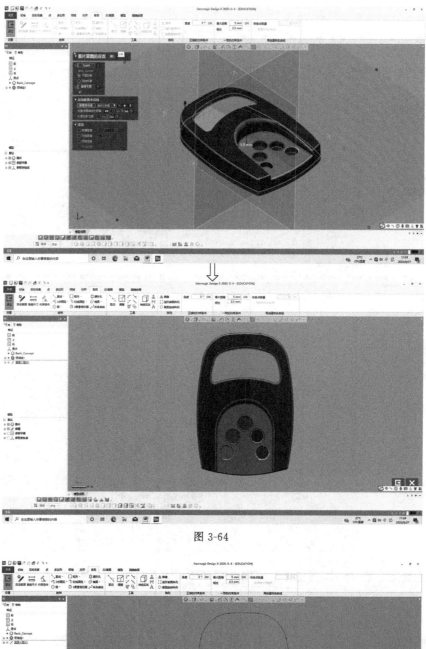

图 3-64

图 3-65

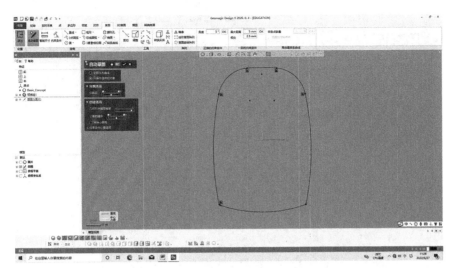

图 3-66

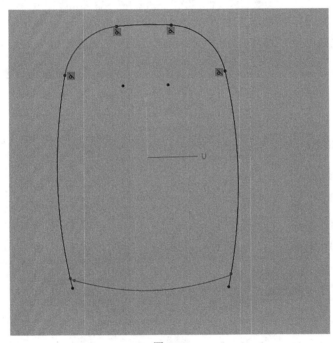

图 3-67

（二）创建特征一

（1）"草图"—"面片草图"，基准平面选择 5 个小孔的平面，拖拽细长线箭头（图 3-72）。

（2）选择"自动草图"，并框选轮廓（图 3-73）。

（3）点击"调整"，延长左右两端线段的长度，点击对勾，点击 ╲直线· 将两个线段的端点进行连接（图 3-74）。

（4）点击模型中的"拉伸"，结果运算选择"切割"（图 3-75）。

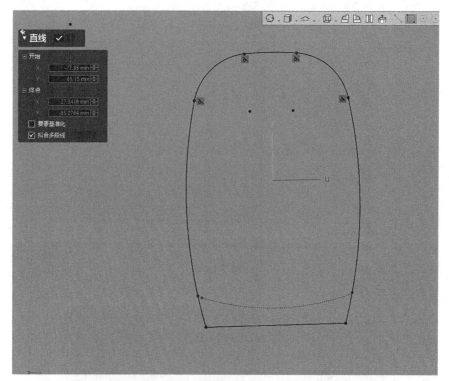

图 3-68

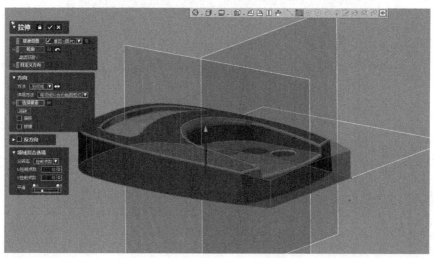

图 3-69

（三）创建特征二

（1）点击"草图"—"面片草图"，基准平面选择五个孔其中一个底部的领域组，拖拽出轮廓（图3-76）。

（2）选择 ⊙圆▾ 的命令选择出轮廓，将5个圆依次点击（图3-77）。

（3）点击模型中的"拉伸"，结果运算选择"切割"（图3-78）。

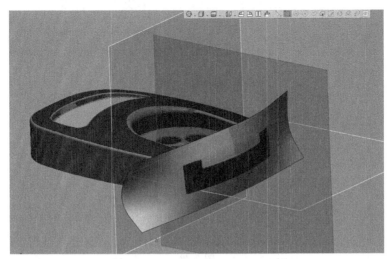

图 3-70

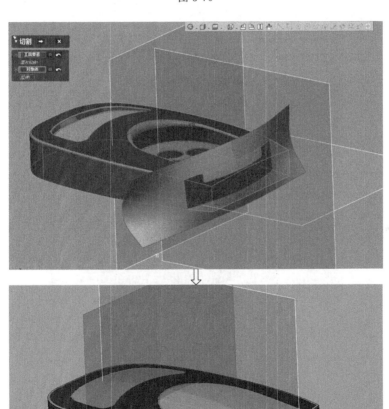

图 3-71

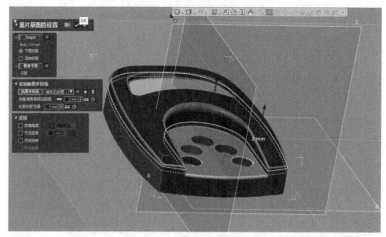

图 3-72

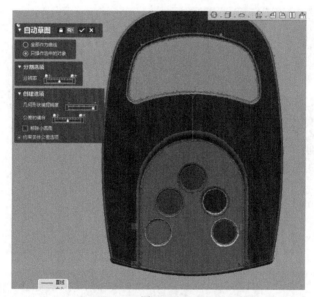

图 3-73

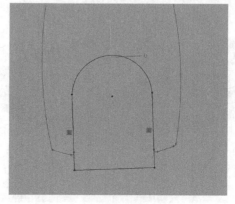

图 3-74

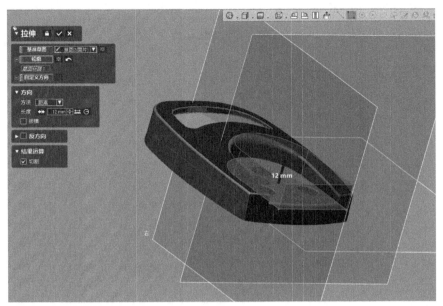

图 3-75

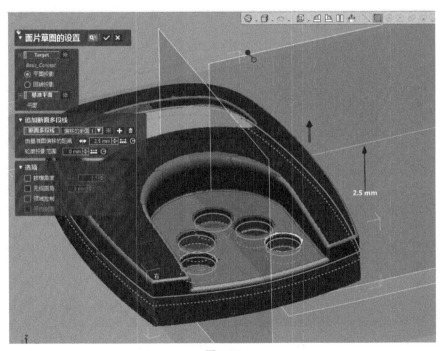

图 3-76

（四）创建特征三

（1）创建完主体之后，点击"草图"—"面片草图"，基准平面选择深色的领域组，拖拽出轮廓（图 3-79）。

（2）为方便绘制，可将点云进行隐藏，选择自动草图，并框选槽的轮廓（图 3-80）。

（3）点击模型中的"拉伸"，长度大于 10mm，结果运算选择"切割"（图 3-81）。

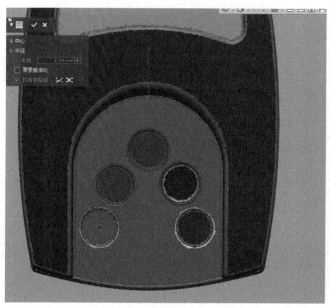

图 3-77

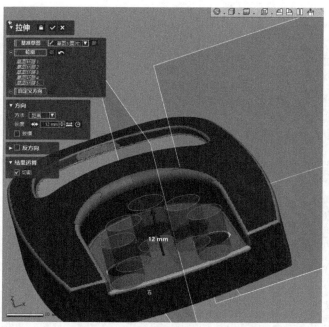

图 3-78

（五）创建特征四

（1）最后一步为整体倒圆角的操作。点击"圆角"，内容中选择"可变圆角"，要素中依次选择它的边界（图 3-82）。

（2）可更改半径尺寸，上方尺寸 $R=3\text{mm}$，下方尺寸 $R=2\text{mm}$（图 3-83）。

（3）查看模型，点击"圆角"，要素选择内部底边的轮廓线，$R=0.5\text{mm}$（图 3-84）。

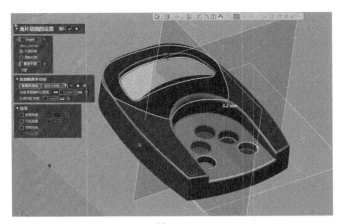

图 3-79

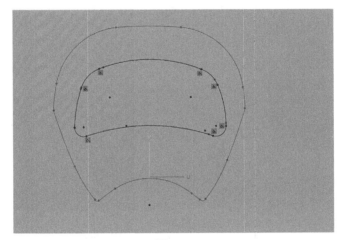

图 3-80

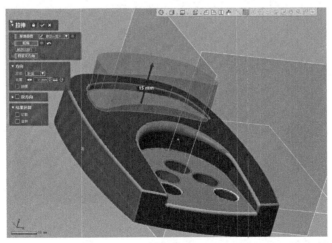

图 3-81

（4）再次点击"圆角"，要素选择四个棱边的轮廓线 $R=1$mm（图 3-85）。

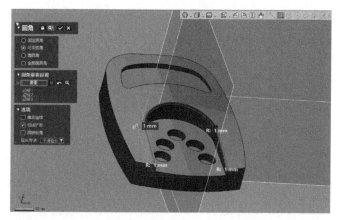

图 3-82

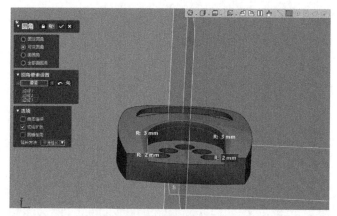

图 3-83

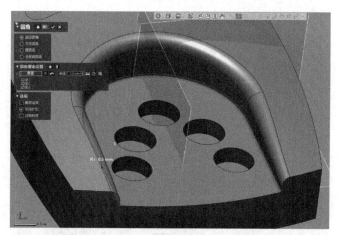

图 3-84

（5）对槽进行倒圆角，$R=0.5$mm（图 3-86）。

完成逆向建模（图 3-87）。

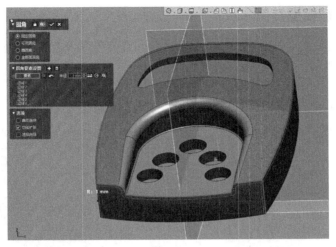

图 3-85

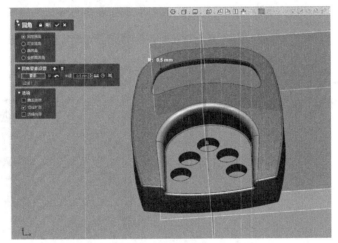

图 3-86

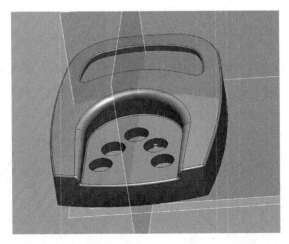

图 3-87

逆向案例 2：人像模型案例

（1）打开 Geomagic Design X 软件，将模型的 stl 文件导入软件中，点击"初始"，选择文件夹中 stl 人像模型文件，单击"导入"（图 3-88）。

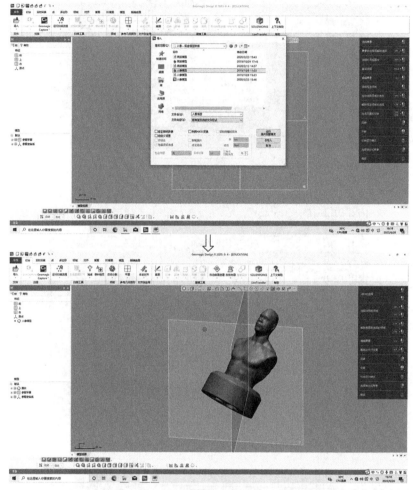

图 3-88

（2）人像模型导入之后，做对齐坐标，首先选择"领域"，在人像底部创建一个平面，点击画笔选择模式 ![画笔图标]，选中鼠标左键，在底部任意位置处涂选，同时按住 Shift 按钮，在另外任意部位进行涂选（图 3-89）。

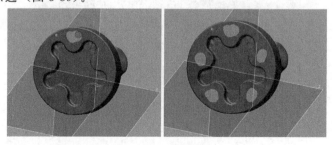

图 3-89

涂选完毕之后，点击插入 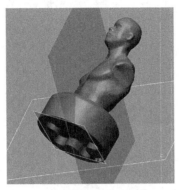；选择模型——平面功能，此时无法选中领域，因此需要点击矩形选择模式 。在选择涂选内容并确认后，在底部建立平面1（图3-90）。

图 3-90

（3）同理以人像的中间位置创建平面2。选择模型——平面 功能，方法中选择绘制直线，同时将人像尽可能摆正，从头顶到底座下绘制直线，点击"确定"完成平面2的绘制（图3-91）。

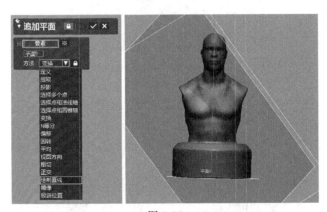

图 3-91

因平面2为人为绘制，会有一定的差异性，因此还需要对平面2进行约束，选择模型——平面 功能，方法里选择镜像，要素选择"平面2"以及"人像模型"，此时会出现一个平面3，隐藏平面2，平面3将作为最中间的平面（图3-92）。

（4）坐标对齐，选择"对齐"——手动对齐 ，单击下一阶段 ，选择3-2-1模式，平面选择"平面1"，线选择"平面3"，检查右侧图形，没有问题即可点击"确定"（图3-93）。

隐藏平面1、平面2、平面3，并选择视图功能 ，选择合适的视图调整图像（图3-94）。

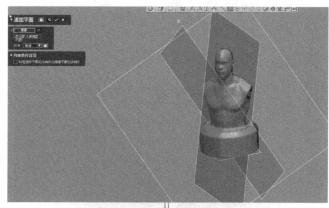

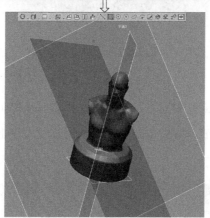

图 3-92

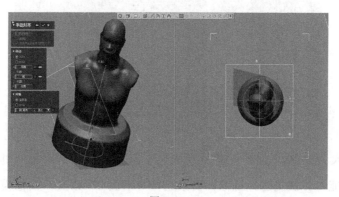

图 3-93

（5）进行底部平台建模。选择"领域"，点击画笔选择模式，选中鼠标左键，在底座上平面围绕人像进行一周的涂选，点击插入（图 3-95）。

调整画笔大小，Alt 按键＋鼠标左键，同理在底座下部图形中间进行领域创建，点击插入（图 3-96）。

更换矩形选择模式，选择"草图"——面片草图，基准平面仍是前平面，根据

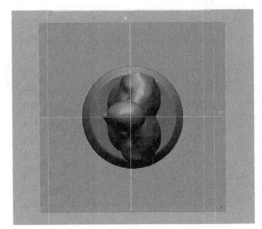

图 3-94

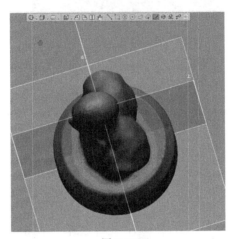

图 3-95

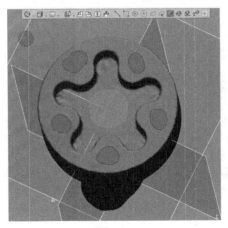

图 3-96

图形出现的两个蓝色箭头,选择细长箭头进行拖拽,识别最外侧轮廓,点击"确定",选择翻转 ▯▯ ,可看见外部轮廓;单击 ⊙图▾ ,自动提取轮廓圆,点击"确定",再点击 ⊑ ,退出草图编辑界面(图 3-97)。

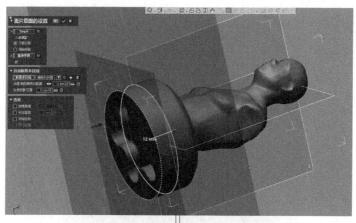

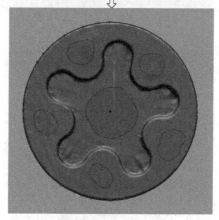

图 3-97

根据圆轮廓，选择"模型"——拉伸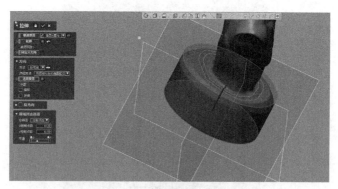，轮廓选择"草图环路 1"，方法 方法 选择到领域，选择要素选择上平面领域，点击"确定"，此时底部已经完成建模（图 3-98）。

图 3-98

底座装配图案的建模。同理选择草图——面片草图 ，基准平面可选择前平面，根据图形出现的两个蓝色箭头，选择细长箭头进行拖拽，识别装配图案轮廓，点击"确定"；选择翻转 ，可看见外部轮廓（图 3-99）。

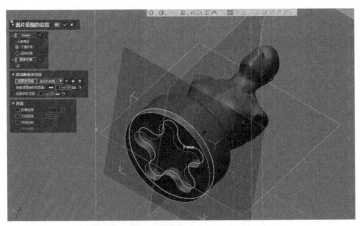

图 3-99

单击 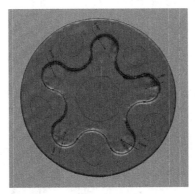 3点圆弧 ▼ ，选择提取梅花形（凸形）装配图案，并进行约束，选择智能尺寸 ，选择半圆弧，并将尺寸改为 6mm（图 3-100）。

图 3-100

同理单击 3点圆弧 ▼ ，取消拟合多线段，以凸形两点来自行绘制梅花形（凹形）装配图案，并进行约束，选择智能尺寸 ，选择半圆弧，并将尺寸改为 7.5mm，再点击 ，退出草图编辑界面（图 3-101）。

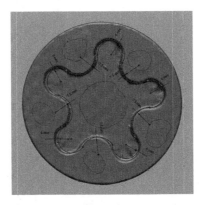

图 3-101

单击 🔊 隐藏实体。选择"模型"——拉伸 🔲，轮廓选择"草图环路1"，方法 方法 选择到领域，选择要素选择梅花形装配图案中间领域，为防止底座下面形成一个薄平面，选择"反方向"，结果运算选择"切割"，点击"确定"，此时梅花形装配图案已经完成建模，可隐藏实体，为后续建模做好准备（图3-102）。

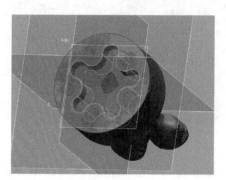

图 3-102

（6）底座上部分逆向建模。隐藏平面避免干扰。选择"曲面创建"——自动曲面创建 👁️ 自动曲面创建，单击下一阶段 ➡️，软件将会自动对底座上部分进行创建，完成后单击"确定"。此时应注意，在自动曲面创建时，要保证所创建的面片是完整的（图3-103）。

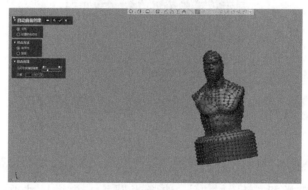

图 3-103

单击 🔊 显示实体，此时模型为拟合完毕后的图形（图3-104）。

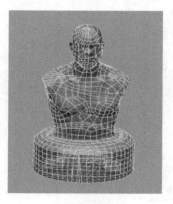

图 3-104

（7）裁剪底座多余部分。将自动曲面创建的人像实体隐藏，显示底座实体，选择"模型"——曲面偏移  曲面偏移，偏移距离设置为 2.5mm，单击"确定"（图 3-105）。

图 3-105

隐藏底座实体。选择切割 🔲，工具要素为"曲面偏移"，对象体选择拟合实体，单击
切割
下一阶段 ➡，保留体选择上半部分实体，单击"确定"（图 3-106）。

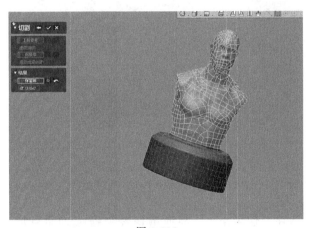

图 3-106

隐藏底座实体和偏移面，选择人像的最底平面进行删除，选中底平面，点击 🗙 删除面
（图 3-107）。

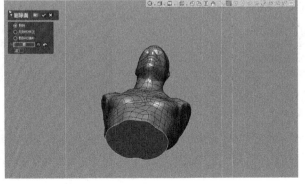

图 3-107

删除平面后，因模型不再属于闭合实体，变成了面片将会消失，单击曲面体闭合按钮，显示曲面图形，隐藏偏移平面（图 3-108）。

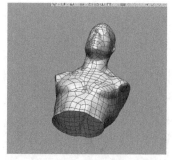

图 3-108

显示底座实体，中间会有缝隙，需要将人像与底座进行黏合。选择延长曲面命令，逐个选择最下面曲面边界，距离为 3.5mm，单击"确定"（图 3-109）。

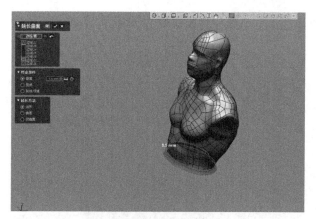

图 3-109

显示平台实体。选择"模型"——曲面偏移，面选择底座上平面，偏移距离 0mm，隐藏平台实体，因此时平面及人像均为面片，可使用"剪切曲面"命令，工具要素选择人像及底部平面，对象同样选择，单击"下一阶段"（图 3-110）。

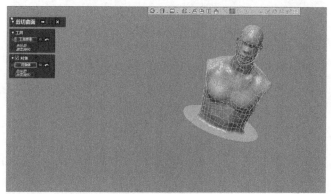

图 3-110

残留体保留人像以及人像下半部分中间位置，单击"确定"。显示人像实体及底座实体。选择布尔运算命令 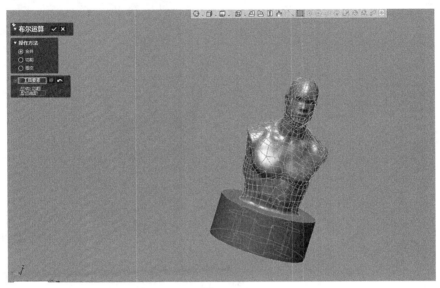，选择"合并"，工具要素为人像及底座，单击"确定"，即将人像及实体合并成了一个完整模型（图 3-111）。

图 3-111

（8）处理底座圆角。单击倒角命令 ⟨⟩ 倒角，选择角度和距离，要素选择底座上圆边，距离为 5mm，角度为 45°，单击"确定"，单击精度偏差 □ ﹀ 观察模型偏差，没有问题即可关闭精度偏差（图 3-112）。

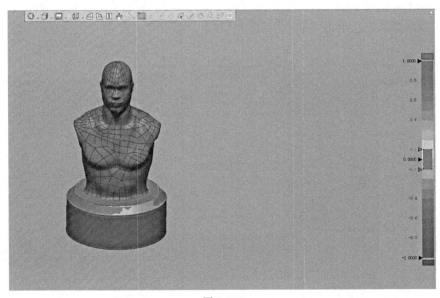

图 3-112

（9）图形输出。选择实体，右键选择输出，保存至桌面（对应文件夹），更改文件名

"人头模型"，保存类型为＊.stp格式，最终完成整个图形建模及保存（图3-113）。

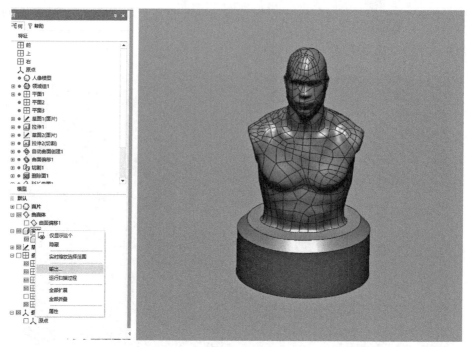

图 3-113

逆向案例 3：零件图绘制

（一）导入基本体

打开 Geomagic Design X 软件，将模型的 stl 文件导入软件中，点击"初始"，选择文件夹中 stl 人像模型文件，单击"导入"（图3-114）。

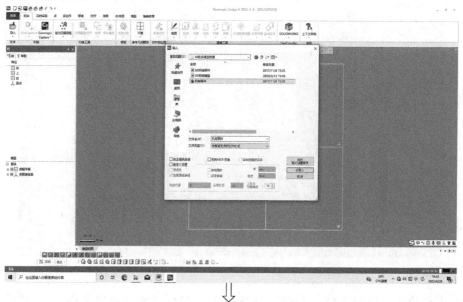

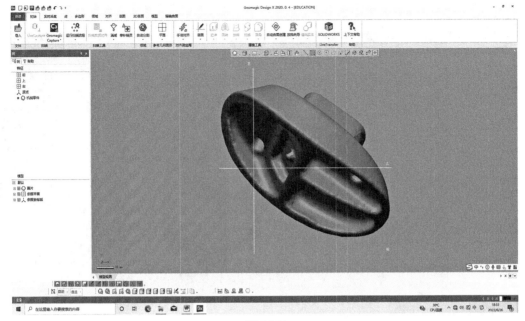

图 3-114

（二）底部特征处理

（1）模型导入之后，做对齐坐标，首先选择"领域"，在其底部按住左键在中间构建领域平面，点击画笔选择模式中的"矩形选择模式"，选中鼠标左键（图 3-115）。

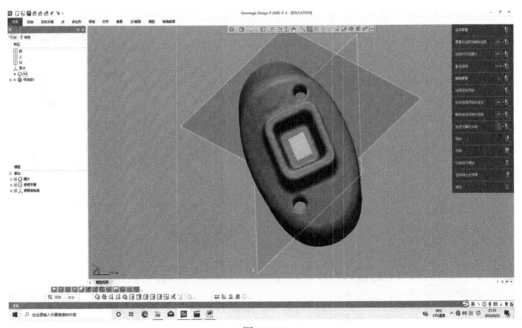

图 3-115

（2）点击"模型"中的"平面"，方法设置为"提取"，点击构建的领域平面，单击对勾（图 3-116）。

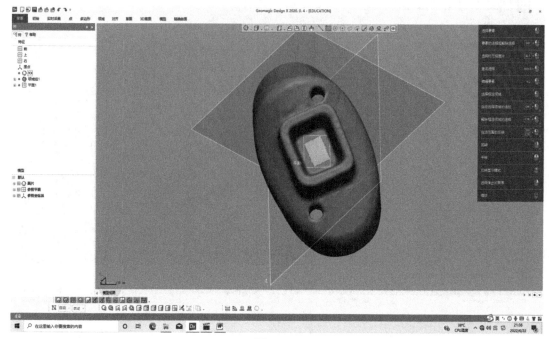

图 3-116

（3）然后将模型反向并摆正，点击"平面"，方法选择为"绘制直线"，并构建平面（图 3-117）。

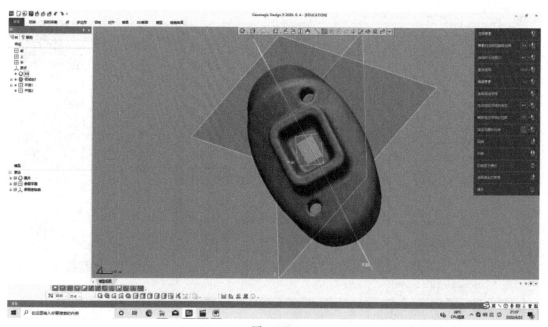

图 3-117

（4）单击"平面"，方法选择为"镜像"，选择平面二，按住 Shift 键在左侧对话框里选择"机械模型"，然后点击对勾，构建平面三（图 3-118）。

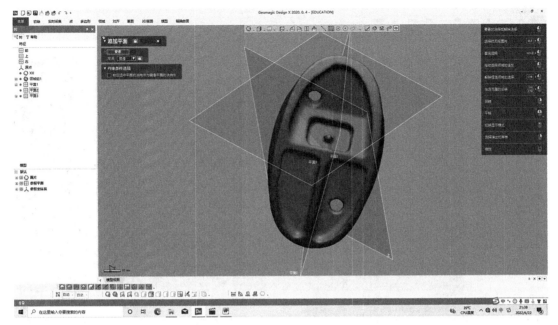

图 3-118

（5）然后在对话框里找到"平面二"，单击右键并隐藏（图 3-119）。

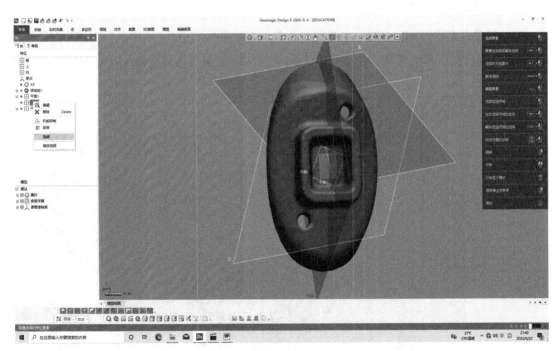

图 3-119

（6）然后点击"对齐"命令，选择"手动"对齐，平面选择"平面三"，先选择"平面一"和"平面三"，接着将平面一、二、三进行隐藏（图 3-120）。

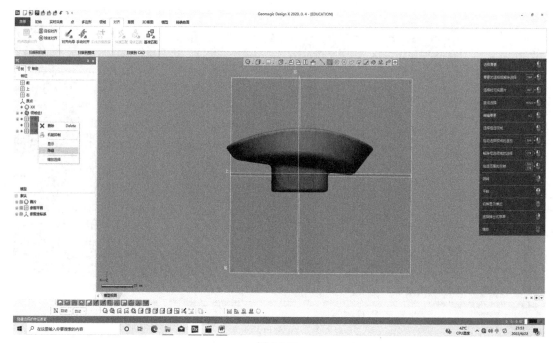

图 3-120

（三）前部特征处理

（1）接着点击"领域"，创建一个平面，点击画笔选择模式 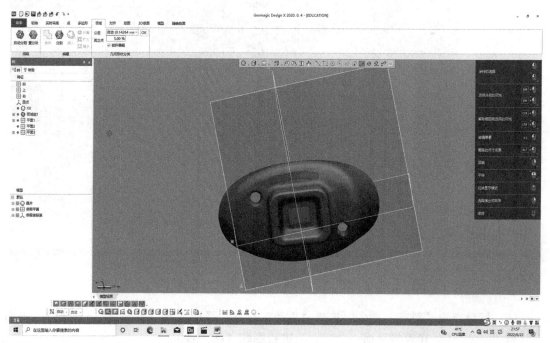，选中鼠标左键，在任意位置处涂选，同时按住 Shift 按钮，在另外任意部位进行涂选，并构建领域面（图 3-121）。

图 3-121

接着点击"面片拟合",并将其进行调整（图 3-122）。

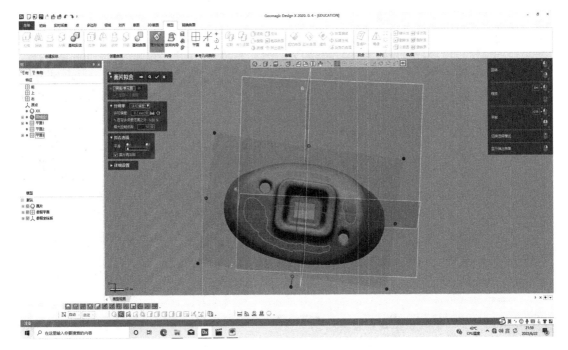

图 3-122

将平面上和右进行隐藏，选择 3D 草图，使用 3D 面片草图点击"样条曲线"，构建两条线进行"平滑"（图 3-123）。

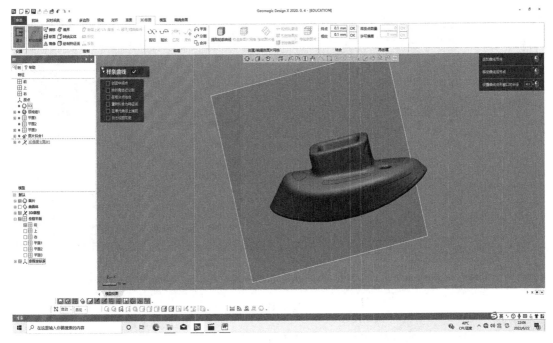

图 3-123

接着选择"草图"—"模型",然后选择"放样",选择"两条线"(图 3-124)。

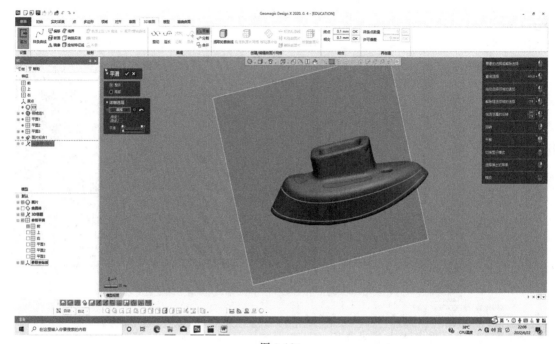

图 3-124

点击对勾(图 3-125)。

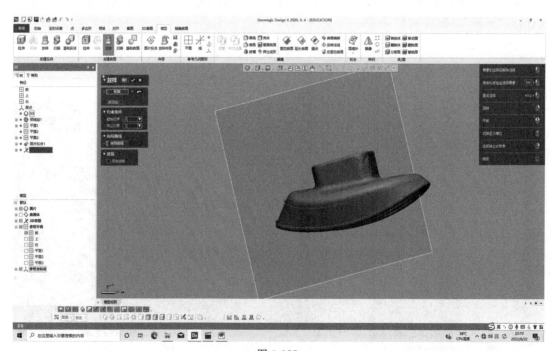

图 3-125

(2)选择四个边,将放样进行延长曲面(图 3-126)。

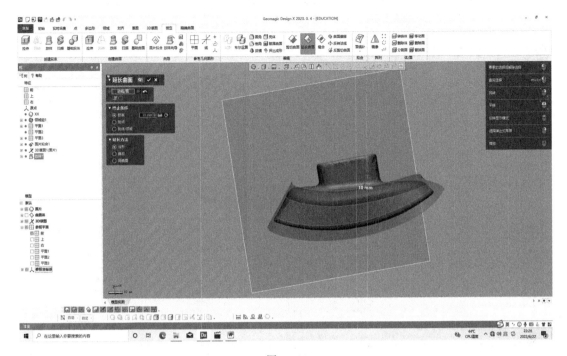

图 3-126

将延长的曲面进行隐藏，点击前平面，点击面片草图进行拉伸（图 3-127）。

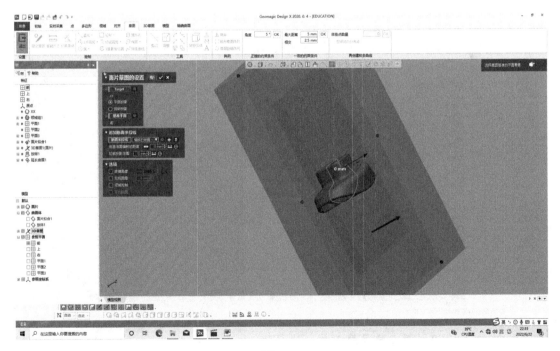

图 3-127

点击对勾，点击三点圆弧，点击"调整"并将其两侧进行延长（图 3-128）。

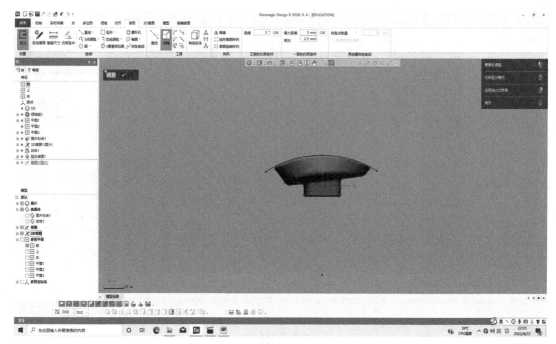

图 3-128

将延长线进行拉伸，与放样方向一致（图 3-129）。

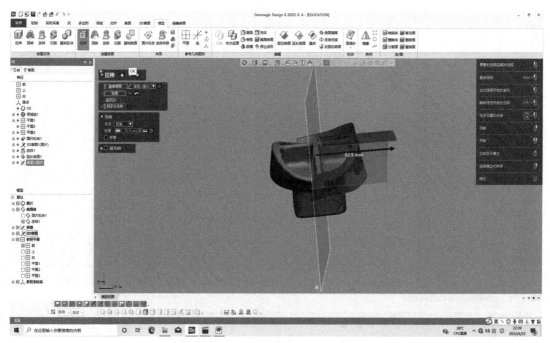

图 3-129

点击对勾，将面片拟合 1，放样拉伸显示出来点击"剪切曲面"（图 3-130）。

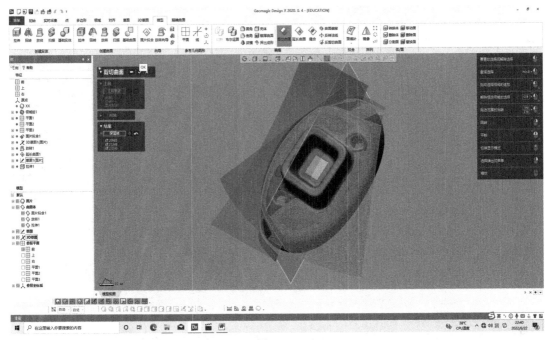

图 3-130

将三个面全部选取并进行剪切，点击对勾，点击"剪切曲面"工具，选择前平面，对象选择"剪切曲面"，保留体需要保留该保留的部分如图（图 3-131）。

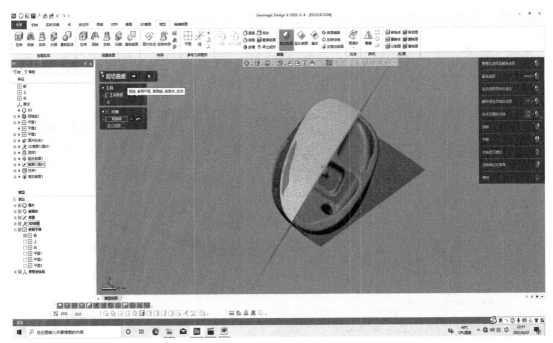

图 3-131

单击平面，方法选择为镜像，选择平面二，按住 Shift 键在左侧对话框里选择机械模型，然后点击对勾，构建平面三（图 3-132）。

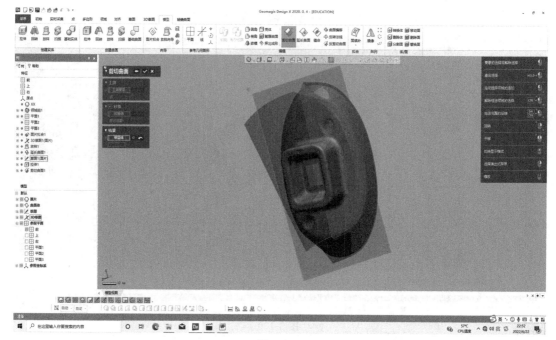

图 3-132

（3）将实体隐藏，在机械模型背面进行领域划分（图 3-133）。

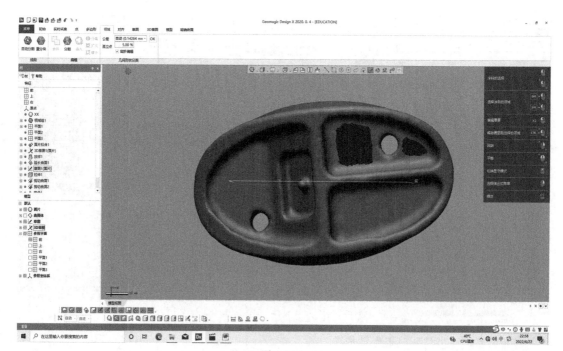

图 3-133

（4）在领域组进行面片拟合（图 3-134）。

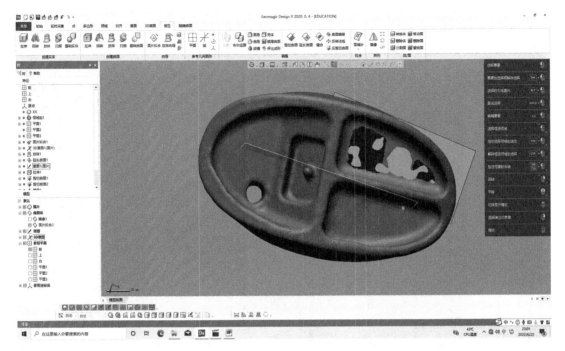

图 3-134

（5）选择平面，点击面片草图选定好轮廓，点击"直线"并选中两条直线，然后点击"剪切"选择相交剪切，然后选择"调整"延长直线（图 3-135）。

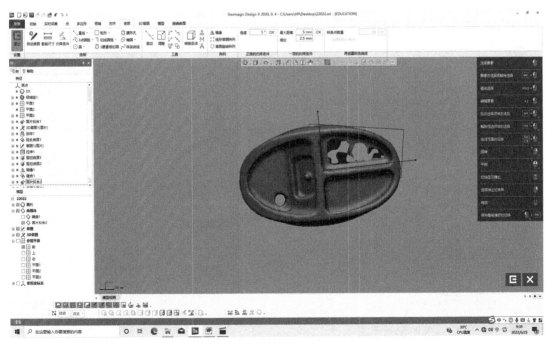

图 3-135

接着点击"拉伸"进行曲面拉伸（图 3-136）。

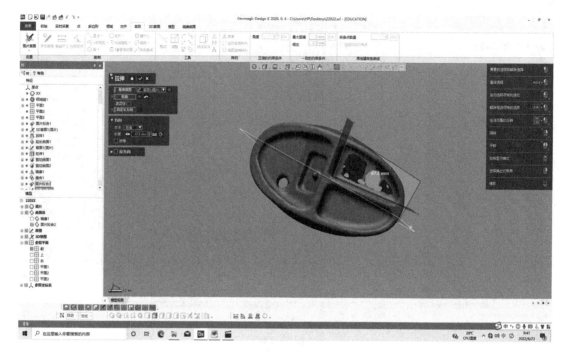

图 3-136

将底部的面进行面片延长（图 3-137）。

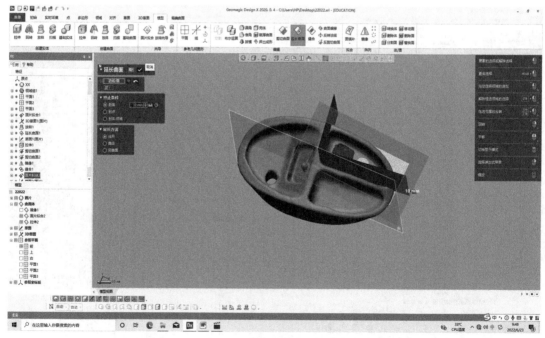

图 3-137

将实体显示出来，选择"曲面偏移"，偏移的距离大致为 4.2mm，然后点击"反方向"，将实体隐藏贴近内部（图 3-138）。

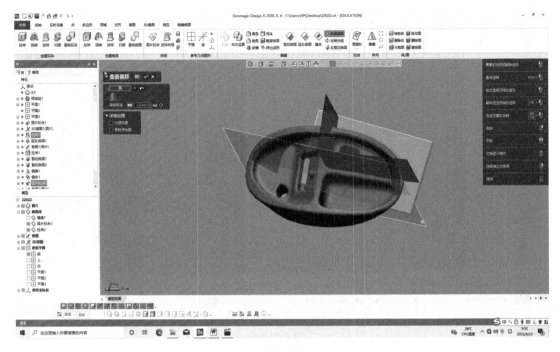

图 3-138

将曲面进行延长（图 3-139）。

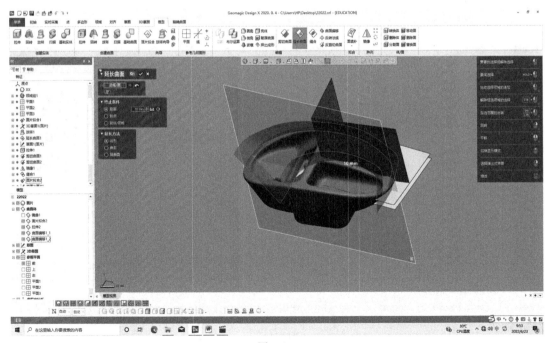

图 3-139

三个面进行相互的裁剪（图 3-140）。

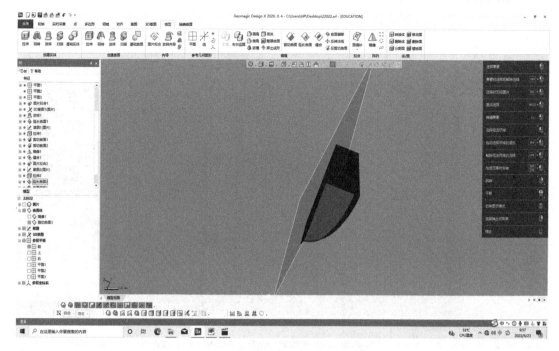

图 3-140

点击"圆角"进行倒圆角，半径设置为 4.5mm，选择四条边（图 3-141）。

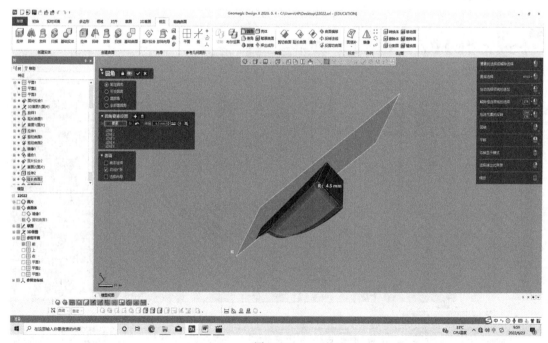

图 3-141

点击"镜像"，对称平面为前平面（图 3-142）。

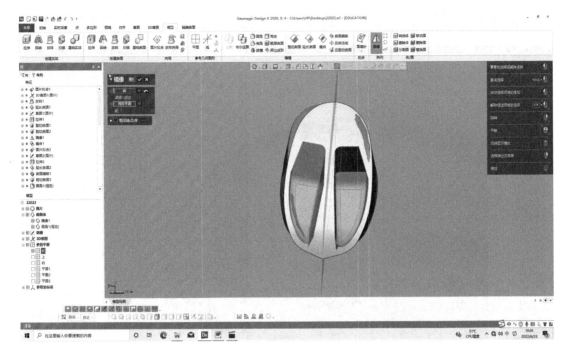

图 3-142

点击"切割"，显示出实体，保留需要的部分（图 3-143）。

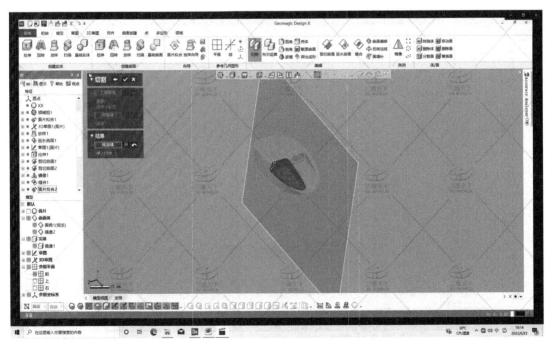

图 3-143

（四）后部特征处理

（1）进行绘制领域（图 3-144）。

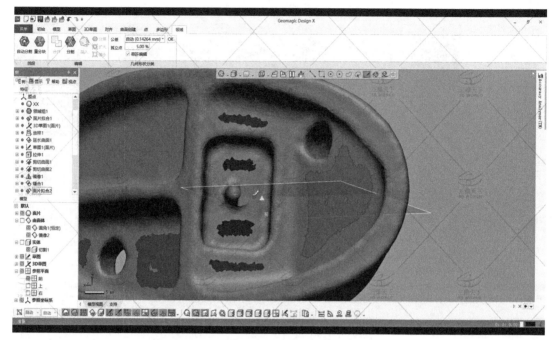

图 3-144

将两个面进行面片拟合（图 3-145）。

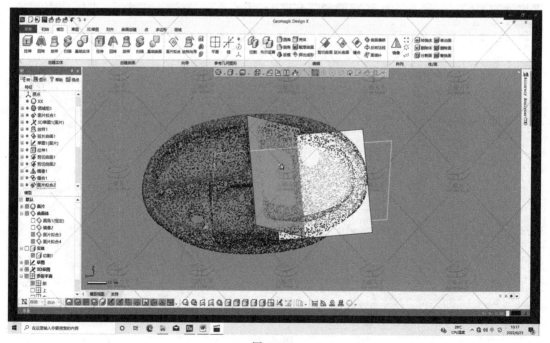

图 3-145

将两个面进行延长，进行剪切，保留需要的部分（图3-146）。

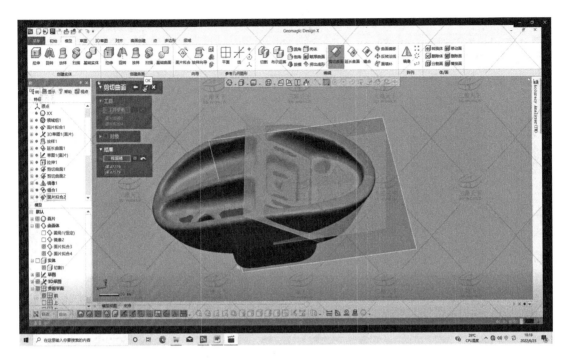

图 3-146

点击"草图"，面片草图选择对应平面，提取出大轮廓（图3-147）。

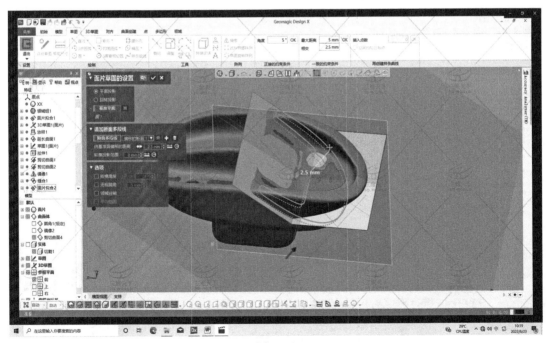

图 3-147

得到轮廓线，选择 3 点圆弧构建线条（图 3-148）。

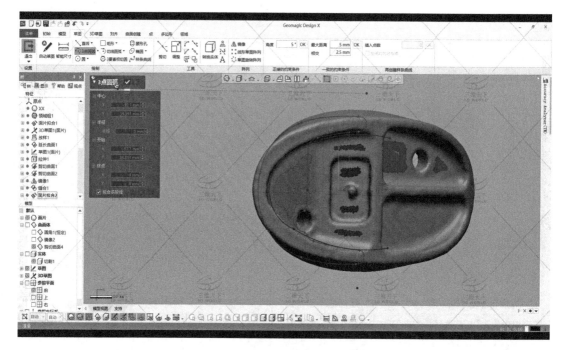

图 3-148

将 3 条线进行相切，然后将其进行拉伸（图 3-149）。

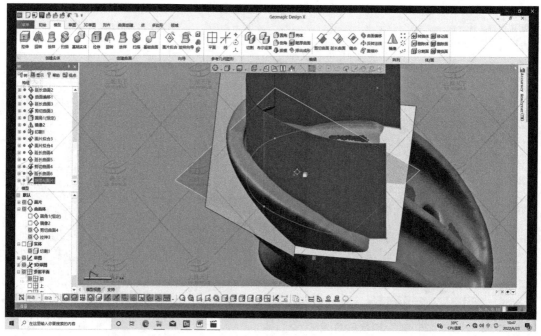

图 3-149

然后将 3 个面进行相互的剪切，保留需要的部分（图 3-150）。

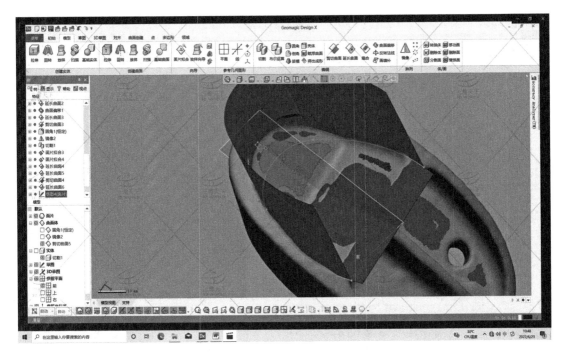

图 3-150

再将其进行一个倒圆角的操作，底下的横线半径改为 10mm（图 3-151）。

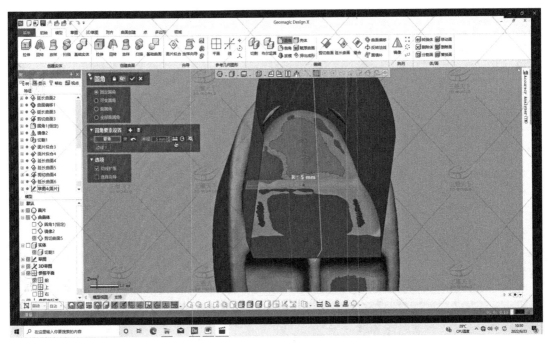

图 3-151

然后对其轮廓进行一个倒圆角的操作（图 3-152）。

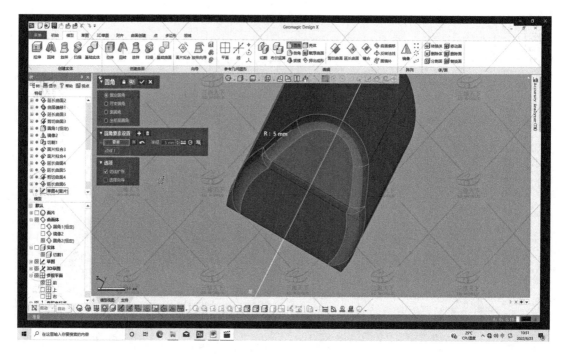

图 3-152

将其进行一个切割，工具圆角 3（恒定）对象为切割 1，保留该保留的部分（图 3-153）。

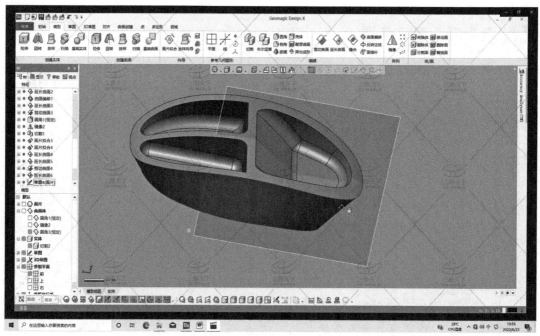

图 3-153

点击"面片草图",绘制中间部分（图 3-154）。

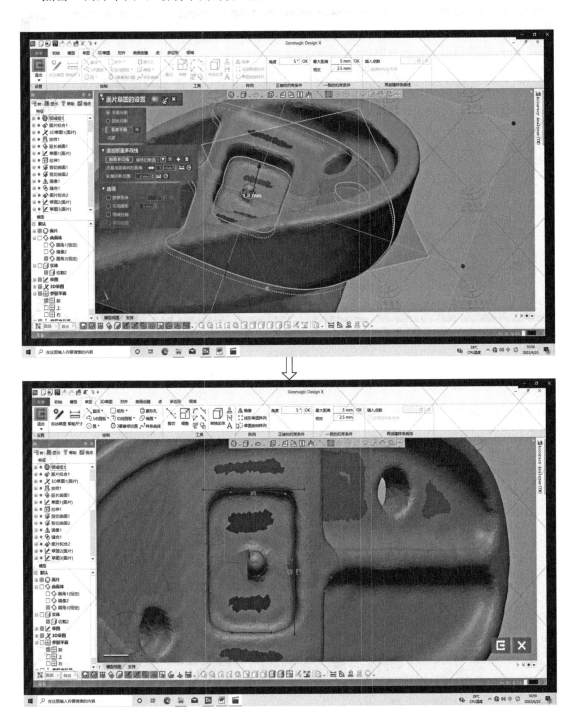

图 3-154

然后选择圆角命令半径为 4mm（图 3-155）。

进行拉伸（图 3-156）。

然后对其进行一个裁剪命令（图 3-157）。

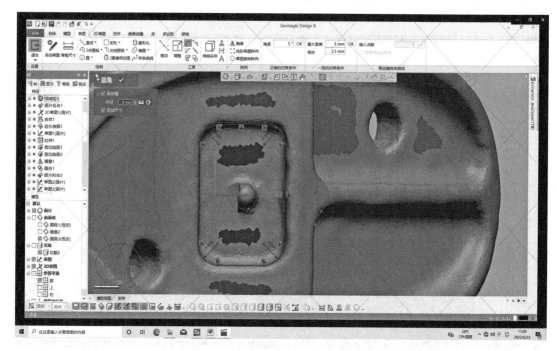

图 3-155

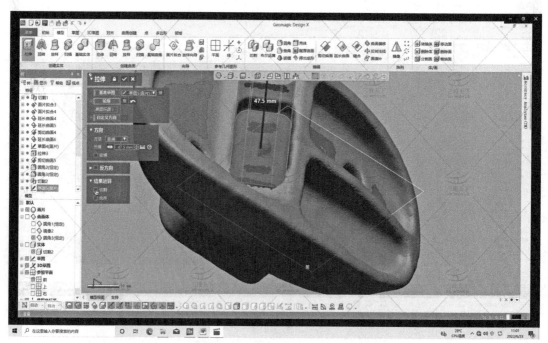

图 3-156

选择草图,面片草图,拖动箭头,然后选择"圆命令"选中"特征"(图 3-158)。
接着点击拉伸(图 3-159)。

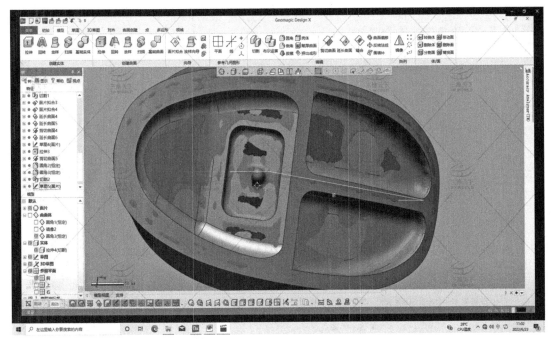

图 3-157

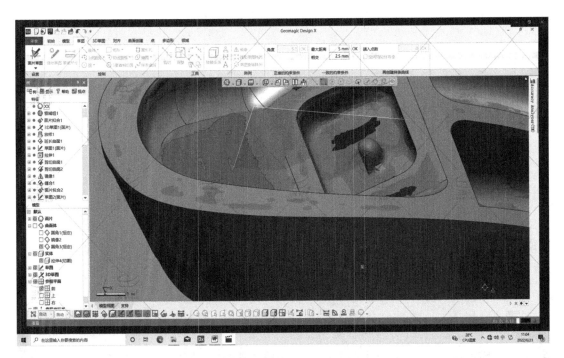

图 3-158

　　然后显示出上平面，点击面片草图拖动箭头，选中"圆命令"，将两个圆选中，然后对智能尺寸进行约束，值为 3.9mm，点击"确定"，然后点击"拉伸命令"，选择为"切割"

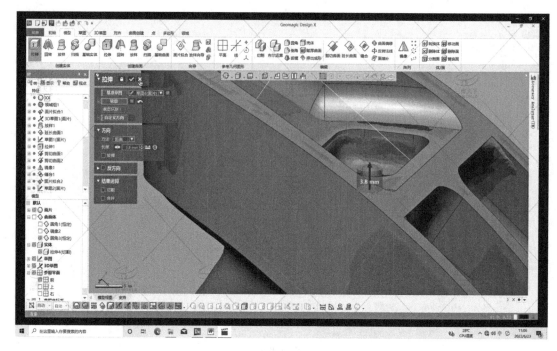

图 3-159

命令，将其进行切割（图 3-160）。

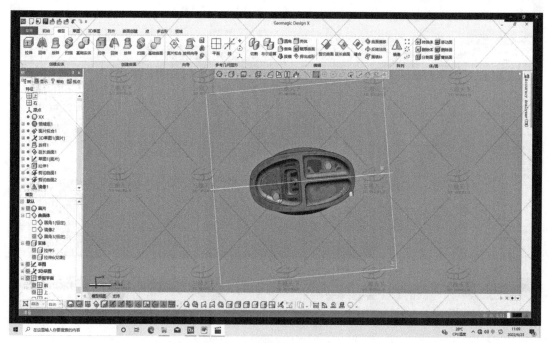

图 3-160

然后进行正面特征的建立，选中领域"平面 1"，点击"面片草图"，选择"直线"命令选择直线（图 3-161）。

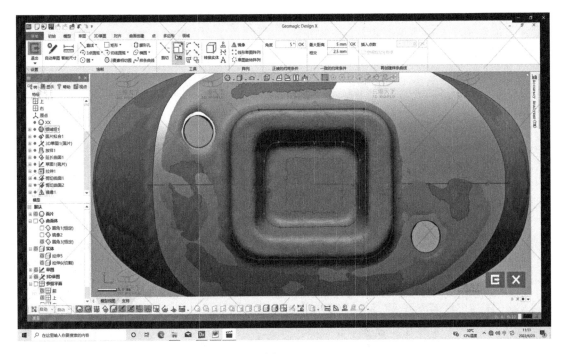

图 3-161

然后选中"圆角"命令，半径改为 8.5mm（图 3-162）。

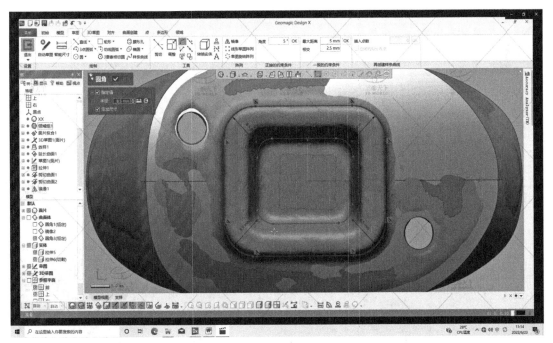

图 3-162

选择"平面"命令，在其顶部构建一个平面（图3-163）。

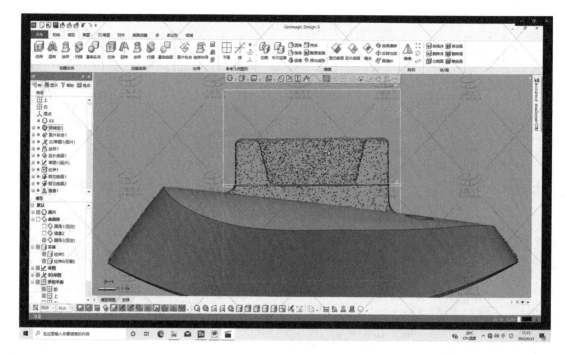

图 3-163

点击"拉伸"命令，选择为"切割"命令，将其进行切割（图3-164）。

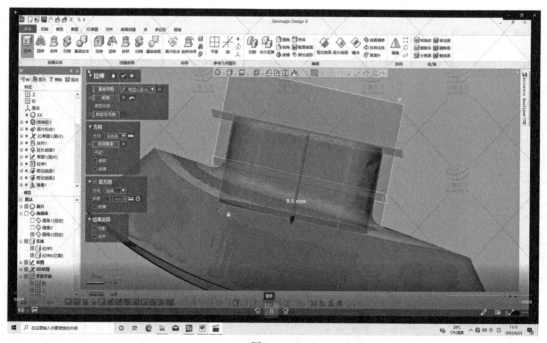

图 3-164

选中"平面1",点击面片草图,拖动距离(图3-165)。

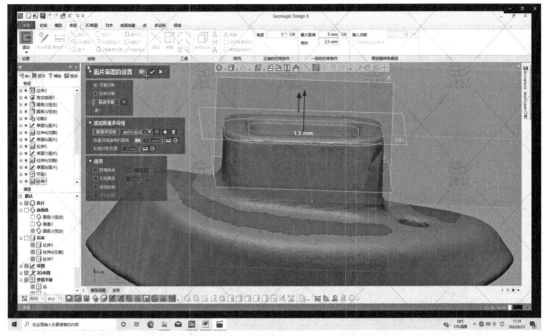

图 3-165

选中"直线"命令,选择4条线,然后选中"圆角"命令半径为4mm,点击"确定"(图3-166)。

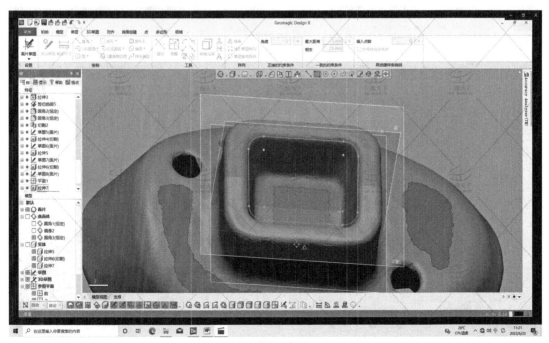

图 3-166

然后点击"拉伸"，方法为"到领域"，拔模角度为15°，点击"切割"，点击"确定"（图 3-167）。

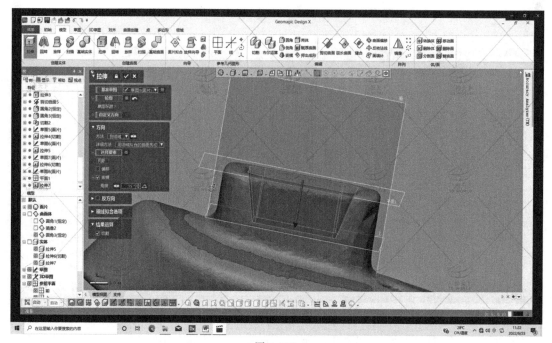

图 3-167

将内部进行倒圆角半径为 1.5mm（图 3-168）。

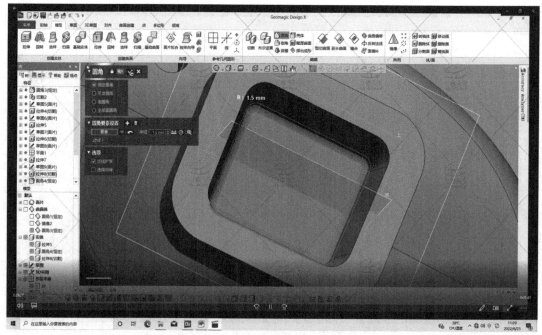

图 3-168

选择上面的部分进行倒圆角（图 3-169）。

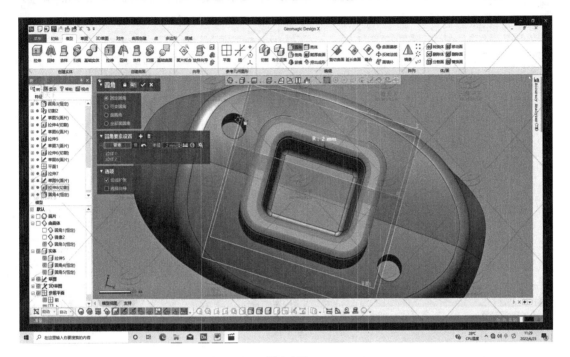

图 3-169

将其底部小圆柱进行倒圆角（图 3-170）。

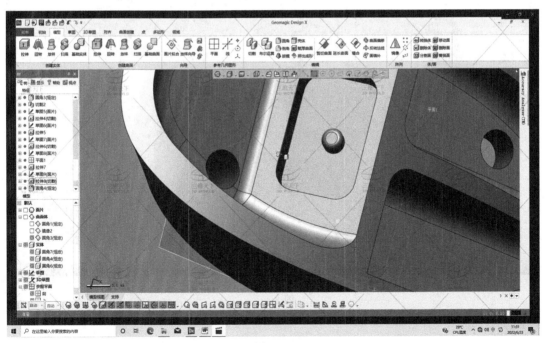

图 3-170

外围也要进行倒圆角半径为 1.5mm（图 3-171）。

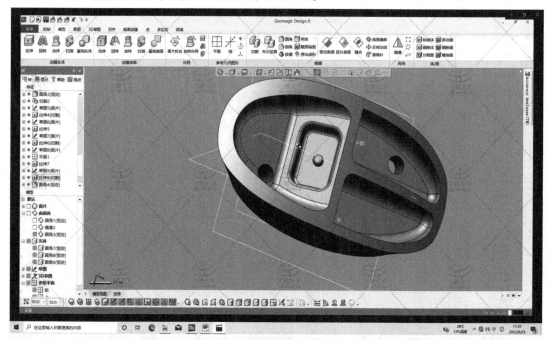

图 3-171

然后点击布尔运算，点击合并工具，选择三个实体（图 3-172）。

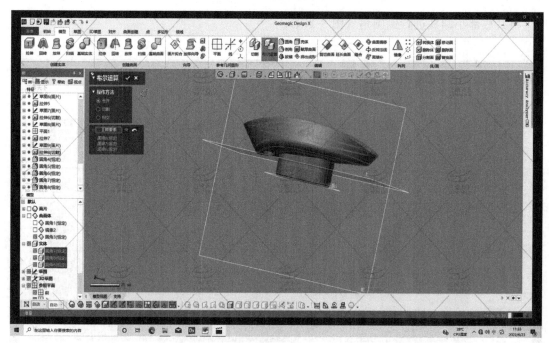

图 3-172

点击"确定"。

（2）将对话框中的圆角 8、点击右键选择输出进行保存。

逆向案例 4：扇叶图绘制

模型重构讲解

（1）点击"插入"—"导入"，导入 1. stl 面片文件。

（2）单击工具栏的 领域 （领域组），进入领域组模式，弹出"自动分割"领域对话框，在敏感度下输入"30"，完成面片的领域分割，单击领域组图标，退出领域组模式（图 3-173）。

（3）单击"平面" ⊞平面 命令，要素选取"平面"创建出平面 1（图 3-174）。

 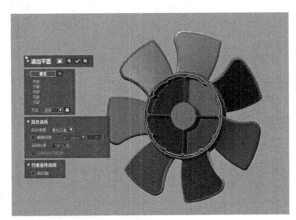

图 3-173　　　　　　　　　　　　　　图 3-174

（4）单击"面片草图" 面片草图 命令，选取前面创建的"平面 1"领域为基准平面，创建数据面片的投影，如图 3-175 左图所示。在草图工具栏中，选择"圆"来拟合出模型中圆，选择"直线"绘制出一条与圆相交的直线，然后删掉圆。

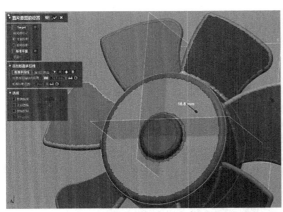

图 3-175

（5）单击"手动对齐" 手动对齐 命令，单击下一步，在移动下，选择 3-2-1，平面下选择底面的平面 1，线下选择绘制的直线，单击 ✓，完成模型的坐标系对准，可将视图模式翻转观察，均对准无误（图 3-176）。

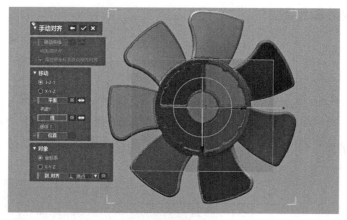

图 3-176

（6）单击"面片草图" 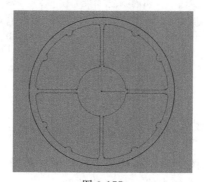命令，选取"前"为基准平面，创建数据面片的轮廓投影范围，绘制草图（图 3-177）。

图 3-177

（7）单击"拉伸实体" 命令，选择绘制的草图，在"方向"下选取到领域，选择"平面"（图 3-178）。

图 3-178

（8）单击"面片草图" 命令，选取"前"为基准平面，偏移距离为"2.2mm"，如

图 3-179 所示。单击 ✅，根据截取的粉色轮廓线来绘制草图。

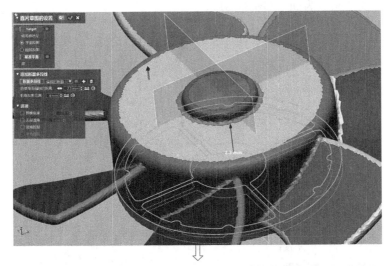

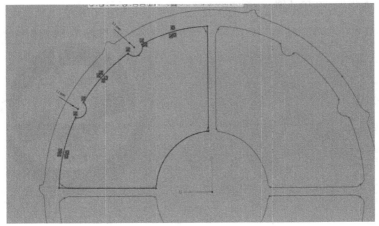

图 3-179

（9）单击"拉伸实体" ⬜ 命令，选择绘制的草图，在"方向"下选取到领域，选择"平面领域"，在"反方向"下选取距离为"8.15mm"（图 3-180）。

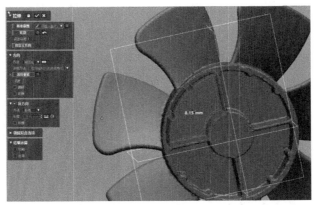

图 3-180

（10）单击"圆形阵列"命令，选择拉伸体，在"回转轴"下选取到圆柱领域，在"要素数"下填 4，"交差角"为 90°（图 3-181）。

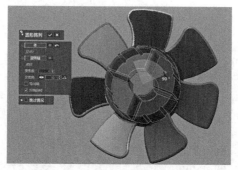

图 3-181

（11）单击"布尔运算" 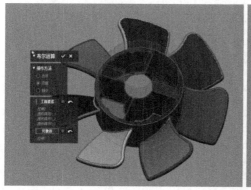 命令，在"操作方法"下选取切割，"工具要素"选择阵列体，"对象体"为拉伸 1mm（图 3-182）。

图 3-182

（12）单击"面片拟合" 命令，在领域下选择"回转"领域，在分辨率下选择"许可偏差"，控制点数为"50"，参数如图 3-183 所示。单击 ，即可完成面片拟合曲面的操作。底侧采用同样的方法。

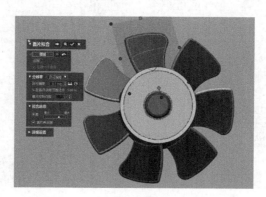

图 3-183

（13）单击"面片草图" 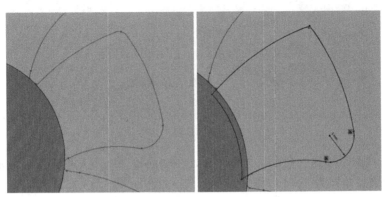命令，选取"前"为基准平面，轮廓投影范围"53.5mm"。单击 ✔，根据截取的轮廓线来绘制草图（图 3-184）。

图 3-184

（14）单击"拉伸实体" 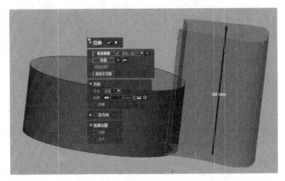命令，选择绘制的草图，在"方向"下选取到距离，选取距离为"34mm"（图 3-185）。

图 3-185

（15）单击"切割" 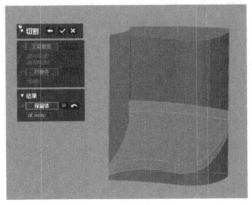命令，工具要素选择"面片拟合1、面片拟合2"，对象体选择"拉伸3mm"，单击下一步，残留体选择主体部分，单击 ✔，即可完成剪切实体的操作（图 3-186）。

图 3-186

(16) 单击"圆角" 圆角命令，选择全部面圆角，具体选择（图 3-187）。

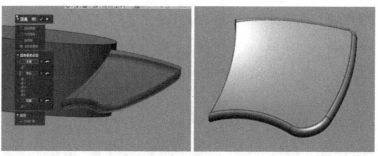

图 3-187

(17) 单击"圆形阵列"命令，选择叶片，在"回转轴"下选取到圆柱领域，在"要素数"下填 7，"交差角"为 51.4°（图 3-188）。

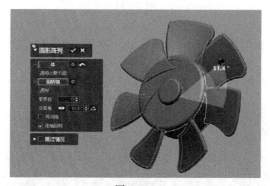

图 3-188

(18) 单击"布尔运算" 命令，在"操作方法"下选取合并（图 3-189）。

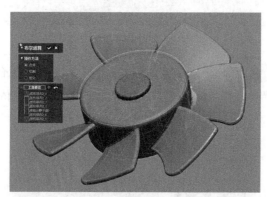

图 3-189

(19) 选取顶平面领域创建面片草图，进行拉伸合并（图 3-190）。

(20) 单击"圆角" 圆角命令，选择"固定圆角"，分别选取数模的边线/面，创建的圆角（图 3-191）。

(21) 在 Accuracy Analyzer 中选择"偏差"，在公差范围内，观察数据模型的精度（图 3-192）。

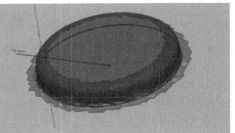

绘制草图

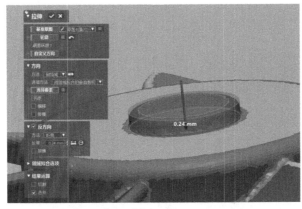

图 3-190

图 3-191

图 3-192

（22）单击"输出 📤"，输出格式可选为 . stp。

参 考 文 献

［1］ 胡宗政，王方平 . 三维数字化设计与 3D 打印 . 北京：机械工业出版社，2020.

［2］ 刘然慧，袁建军 . 3D 打印——Geomagic Wrap 逆向建模设计实用教程 . 北京：化学工业出版社，2020.

［3］ 袁建军，谷连旺 . 3D 打印原理与 3D 打印材料 . 北京：化学工业出版社，2022.

［4］ 辛志杰 . 逆向设计与 3D 打印实用技术 . 北京：化学工业出版社，2017.